JN222403

福岡正信の百姓夜話

自然農法の道

福岡正信

春秋社

晩年の著者

インド・ナグプール、ガンジーのアシュラム、
インド独立50周年記念式典

（撮影:「じねん道」斎藤裕子、1997年）

自序

無い。

何も無い。

なんでもなかった。

人間は価値ある何ものも所有してはいなかった。

すべての常識を大まじめに否定する私は、馬鹿なのか。私は狂っているのであろうか。

私がくどくどと述べる事柄は、人々にとっては何の問題にもならないことなのだろうか。

愚劣な路傍の雑草として踏みにじって行く人。

一瞥も与えないで、嘲笑して行く人。

しかし路傍の一本一草に哲学の最初にして、しかも最後のものがないと誰が言いえようか。悶々として二十年、消そうとしても消えず、燃やすにもまたすべなく、胸底に明滅していた心の灯火をここに記してみたが、

…………

私の乱打した鐘は……気づいてみると、無音の鐘の音でしかなかった。音を発していない。

だが怒濤の波うちぎわで、狂気のようにもだえている私の姿に、はるかに高い断崖の上で、楽しそうに乱舞している人々が、ふと気づいて……足を止めて……。

「あの男は何を言っているのだろう」と考えてくれたら、私もまた一刻の心の安らかさを得ることができる。

目次

百姓夜話

自然農法

百姓夜話

自然農法の道

百姓夜話

衣

早春の麦畑のことである。暖かい日の光を背に受けてあぜ端に腰を下ろして休んでいる時、山の方から久しぶりで例の白髪の老人がやってきた。

「暖かくなりましたな」

「……」老人はにこやかに笑っている。

「一枚いらなくなりました」私は上着を脱ぎにかかった。

青空を仰いで、とぼけた顔で老人は、

「そうだ人間は衣服を着ている……人間だけが……」

私は皮肉に応じた。

「犬猫は寒くないのでしょう」

ふと老人の顔にくもりがさし、そしてつぶやくように言った。

「衣服を着るから寒い」

老人は冗談を言う人ではない。私は手頃な石を選んで老人に腰を下ろすようにすすめてから話しはじめた。

「いや寒いから着るのでしょう、着ると暖かい」

「なるほど、綿は暖かい。着た時は、着ない時より暖かい。しかし人間が衣服を着た時、その時から人間は寒さを知るようになる。そして一度衣服に慣れた時、二度とその衣服を手離すことができないように人間の体も心も弱くなる」

「寒いから暖かくする、暖かくするとなおさら寒くなるというわけで」

「寒さは寒いから寒いのではない。寒いから寒さを感じるのではない。寒いということを人間が知った時から寒くなる。寒いと思って暖をとる。その時初めて人間は寒さを知る。そしてその時から本当に寒くなる」

「……」

「犬猫も冬の寒さがその身に迫ることは確かであろう。しかし寒の水中の魚が寒いと言ったという話はまだ聞かない。彼らは冬は寒いを知らない。知らない彼らは寒いということは思わない。寒いと思わない彼らには冬の寒さも寒くないのだ」

「なるほど、それで彼らは衣服を着ていない。犬や猫も冬の寒さは身に感ずるであろう……が衣服は着ない。寒いということを知らないがゆえに……。だが寒さに強いものもあれば弱いものもある。犬は強く猫は弱いがゆえに日の光をしたってうずくまる……」

「犬は冬の寒い外をかけ回るがゆえに強く、猫はひなたぼっこばかりしているから弱い……とは考えられぬかな。北極の熊は強いから寒地に生存しうるのか、寒地にいたから強くなったのか。それよりもっと大切な問題は熊も犬も共に裸でいて、寒いと言わないということだ。人間ばかり暖かい衣を着ねばならぬほど弱い動物なのだろうか。

人間も裸で生まれた」

「……しかし、生まれたばかりの赤子は暖炉で温められ風を避け、部屋の温度に注意され、暖かい衣で包まれ、そうして成長した。人間は人工的加温を必要としないで成長する動物であるとは、もはや現今の人々の常識では考えられないことである。

人間は裸で生まれた。しかし裸で育てるということはもはや現代人には喜劇でしかない」

そこまで言って、私はふと思い出した。私はかつて北辺の極寒地で、赤子に浴びせる水を、氷を破って汲んでいる人を見た。またこの村でも祖父の代の人々は清水を出産児に浴びせて、その元気を祝した。今では誰も産児に湯あみさせる湯温は、摂氏何度でなければ危険なものとかたく信じている。古代の人らと現代の人らと、野蛮な国の人らと文明国の人らと、衣服に対する程度には非常な差があることは確かである。

人間は果たして衣服を必要とする動物か、人間もまた裸で生存しうる動物か、私は迷わざるをえなくなっていた。

その時、老人は独語のように言った。

「草木魚虫、暖寒を知らず、暖衣なし、嬰児また暖寒を知らず、嬰児、衣を欲せず、人、暖衣を与う。嬰児暖を知りて寒を得たり」

私はいまだ疑惑の中から反問した。

「冬、わが衣をまず捨てるべきか」

「大人が先か？　赤子が先か？」

老人は軽くさとした。

「鶏が先に生まれたか、卵が先か」

「では……」一瞬ためらう私に老人は叱咤した。

「人間が先か、衣が先か」

私はもはや言葉を口にすることができなかった。暖衣を着け、体温を計り、冬は暖房装置、夏は冷房装置に守られて育つ都会の人と、酷暑の候も極寒の頃も、木の葉をつづり合せたような衣服一枚、飄々と暮らすこの老人と、いずれが真の人間の姿であろうか？……。

野性のたくましさを失い暖衣の乏しいのを憂える人々、一衣なお尊しとする人……私が独り考えに沈んでいる時、老人は何かあらぬ方を見つめていた。私が何気なくその瞳を追った時、そこには麦畑の向こうを行く美しい娘さんの姿があった。

私は救われたように「衣服はただ寒さを防ぐばかりではなかった」とつぶやいた。

と老人が言った。「美しいか」

「いつみても美しい娘さんですね」

「そう見えるか」

私は不審に思った。老人は向き直って、

「美しいと言った。何が美しいかな」

「美しい顔立ち、美しい化粧、美しい衣」と言いかけて私は口をつぐんだ。あるものに気づいて。

老人は知らぬ顔で奇妙なことを言い出した。

「猿が美しい衣を着て、お化粧した時、お前は美しいと言うだろうな」と。

「それはおかしいでしょう」

「何ゆえ……美しくなければならないはずだが」

私は言葉に詰まり、苦しまぎれに言った。

「人間は美しいが、猿は滑稽にしかすぎない」

「猿が人間を見た時、同じことを言うであろう。おれが赤い衣服を着るのはもっともだが、人間が赤い衣服を着るのは滑稽だよとな」

私は訳がわからない気がしはじめた。老人は、

「自分のことは知らないものだ。猿は猿のことを、人間は人間のことを」

「人間は人間のことは知っていますよ」私は多少不平であった。

「人間が人間のことを知っているというのは、水中の魚が俺のことは俺が一番よく知っているというのと同じ意味でだ。

猿や犬が衣服を着たり、魚や虫がお化粧しはじめたら、それは奇怪であるが、人間がお化粧するのは奇怪でないと考えるのは……」

「わかりましたよ、人間以上の神様からみれば同じように滑稽だと……言われるのでしょう。だが他の者から見れば奇怪でも、人間同士の間で滑稽でなく、美しく見えればさしつかえはないでしょう」

「もしそのために人間が不幸になるというのでなければ、滑稽は滑稽ですまされもしよう。一つの美しい服をつくるのに、いく人かの職人が労役に従事せねばならないが、それもいとわないというのであれば、それもよい。ただ一つ、最も重大なことは一人の美人をつくるためには十人の不美人が必要であるということである。

一人が美服をまとえば、十人の服がみすぼらしくなり、十人が醜く損なわれよう。美しい服ばかりでは美しい服も美しい服にならぬ。醜い衣ばかりの世界では醜い衣も醜い衣にならぬ。醜衣の中に美服があってのち、醜衣は初めて醜衣となる。百千の衣も同様であれば美醜はない。百の中に一の美服を投じて百の衣は醜衣となる。千の衣も一美服のために損なわれる。一美服をつくって喜ぶ前に、千の衣の損なわれたことを何ゆえ人は悲しまぬのか。一を得て百千を失う。百千のものを泣かして一人愚劣な美に喜ぶ。これが悲劇でなく、人間の不幸でなくてなんであろう。

万人が同一の美服をまとえば、美服は美服でなくなる……ような美服を得るがために自己を損ない、他を排斥し、やれ美しい、珍しい、お化粧じゃ、衣裳じゃと体を飾るに夜も日もなく、狂い回って買いあさり、他人の乏しいのを見ては得意になり傲慢、無礼の鼻を高くし、富んだ人を見てはいみ、ねたむ。他人の迷惑犠牲はかえりみず、しゃにむに衣装に身をやつして何が美しい。醜なければ美もなし。一人の美人を囲んでわいわい騒げば、裏で十人の醜女が泣かねばならぬ。美人と思う心がすでに醜、醜とし嘆く心も醜、美醜共に変じて醜態と言わねばならぬ」

老人の言葉に私はなお不満を残していた。もちろんこの世には愚劣な美も邪悪な美もあるであろう。しかし、なおこの世には真に美しいというものがないとは考えられない。

そして人間はその美にあこがれるものだ。何ものにかえても……私は老人に再び向かった。

「美しいものは美しい、器量よしは器量よし。たとえそのために他のものを嘆かしめようとも、生まれつきであれば、優劣美醜もまたやむをえない。老人は美服を排斥することができても、人間の美を排斥するわけにはいきますまい」

「生まれつき、目形が美しいというのかな。器量よし、美しい顔というのはどういう顔かな」

「例えば、色は白い、丸顔で、目が張り、鼻が高く口は小さく」

「卵形で、目が細く、という時代もあったな。南方で色は黒いほどよく、口唇は太く厚いほど美人とする地方もある。歯の出っ張った、尖ったのを喜ぶ土人もある」

「近ごろの流行では眉に墨を塗り、まぶたに青色を、顔に黄色や赤色を、口唇や爪先に紅を塗るという化粧法もあるにはあるが……」

「昔は歯は黒く染め、眉を落とし、髪は長く黒く、今は縮れて短く赤く……」

「いやもうわかりましたよ、少なくとも美人の標準が転々と浮動しているということは……人は好き好き、美といい醜という、何をもって美といい醜と名づけるか？　美というものには何の根も葉もない……にしてもこの世に美というものがないということは……」

「この世に美が、美人がないとは言わない。しかしお前らが考えている美は真の美ではない。何らの意味もない偽物をもてあそんで喜んでいるにすぎないのだ。とにかくお前らが考えている美は、美人は、美服は美しいから美しいのではない」

「と言われると」

「美しいと思うから美しいのにすぎない。赤ん坊の目に大人の美しいと思うものが映っても美しいと喜ばない」

「子供も美しい衣服を着ては喜ぶが」

「赤子には赤い衣服も白い衣服も同価値にすぎない。大人がこの衣服は美しいのだ。高価な衣服だ、喜ぶはずのものだと無理に教え信じ込ませた時から、子供はこの衣服は美しいと喜びはじめる」

「美しいから美しいのではない、美しいものだと知った時から美しく見えはじめるといわれる。……では美を知らず美しいと考えず思わなければ……」

「美しいとも何ともない」

「では、あの娘さんもご老人の目には美しくは映りませんかな」

「アハハハハ、花は紅、緑は緑」

「では美しい？」

「人もとより動物、意馬心猿。何ぞ醜骸に美服をまとわんや、だ……わからぬか。

昨日までの鼻たれ小僧、娘になって忙しく、衣装じゃ化粧じゃ、今日は生け花、明日はお茶、お琴じゃと、美しくなりたい、美しくしたい、お上品だといわれたいと思うところに、邪悪なものがひそんでいるのに気づかぬか。「美しくなりたい」は醜さから逃れたい、隠したいの裏表、醜いがゆえに美と思う、美しくと思う思いがすでに醜なのじゃ。

美醜は本来同一物の裏表、悪智恵の利口者ほど、顔には出さぬ。しとやかだの、奥ゆかしいの、人が心の内までのぞきえないのをよいことに、どんなに上手にぼろを隠すかに気を配る。馬鹿馬鹿しいことだが、いかに上手に醜い心を包んで隠したかによって人間の品位が決定されているのが実際だ。

だが考えてもみよ。猿の衣装はご丁寧で立派なほど滑稽じゃ。猿がおとなしく、すまして歩くといえばさらに奇怪じゃ。なおさら猿が恋を心に秘めて悩むといえばしおらしい風情があると言いうるか。

風呂にふんどしして入るのが上品か、隠すのが上品であればお姫様は衣服を着て風呂に入らねばならぬ。人間が上品にすればするほど、隠せば隠すほど、美しくしようとすればするほど、人間は滑稽になってくる。それは何ゆえだ……。

人間は人間らしく、猿は猿らしく、人間が人間を離れ猿が猿らしさを離れるに従って滑稽になる」

「ふさわしくないから滑稽になる。異常だから滑稽になる」

「そうだ。しかし問題は人間には何が真にふさわしいのか異常なのかを知りえない、判っていないということだ。

世間の人々が言うふさわしくないということは、単にその姿に慣れていないということを言っているにすぎないのでないか。

満蒙の人々が日本の衣装を着ければ滑稽だという。日本人が西洋人の服装をするとふさわしくないという。しかしそれもしばらく慣れてくると滑稽だとはいわなくなる。猿や犬も長年月衣服を着ておれば、人間は滑稽だと言わなくなるであろう。異常だから滑稽だともいっていても、人々のいう異常とは一時的なものにすぎない」

「異常とは正常の反対である」

「では正常は」

「……」

「異常の反対というのであろう。とすれば人間には真の正常とは何かということは判っていないことになる。

黄色い顔の人々の間に一人の白色人がおれば異常だという。白色人の間に混じる黒人は異常と見る。白い大根の中に赤い大根があれば奇怪に思い、赤い人参の中に黄色い人参があれば異常と見る。しかし、黄色い人参ばかり見慣れている人々には赤い人参が異常に見える。

白人は黄色人を異常と笑い、黄色人は黒人を異常と笑う。黒人はまた白色を奇怪に思う。人間には正常も異常も判らないがゆえに、一は他を笑い、他は一を笑う。

人々はふさわしいということが何であるのか、異常が何か判らないままに時と場合で、異常だ、滑稽だ、ふさわしくない、醜だ、美だと騒いでいるのだ。

日本人は和服が最もふさわしく美しいと考える。西洋人には洋服が、南洋の土人には土人の服装が最もふさわしく美しい……と果たして何が真実の美か、誰も断言しうるものはない」

「ふさわしいものが何か判らないでは、人間にとって最もふさわしい、すなわち最も美しい服装は？……」

「人間にふさわしい衣服と考えるところにすでに人間の間違いの元がある」

「……」

「人間にふさわしい衣服はない。猿にふさわしい衣服があるか？」

「猿にふさわしい衣服がないという確信は？」

「猿には美醜がない」

「人間の世界には美醜がある」

「人間の世界にも猿の世界にも美はある。しかし人間のいう美醜は猿の世界にはない」

「人間のみの世界にあるという美醜とは？」

「人間のいう美醜は真に美であるがゆえに美と名づけ、醜であるがゆえに醜と名づけたものではない。物に勝手に名づけて一を美、一を醜と呼んだにすぎない。美は醜に発し醜はまた美に出発する。美は醜があって、醜は美があって存在する。美即醜、醜即美、二者は本来同一物じゃ。醜を逃れようとするのは醜、美を求めるもまた醜。醜をいみ嫌えばますます醜となり、美をこいねがうことにあくせくすると、ますますもって醜となる」

「人間は美にあこがれ、美を求める。醜を退け、醜を排斥していくことによって美が獲得されるものと信じて努力する。だが老人の言葉では人間の努力はどうなるのか」

「人間は釣竿をかたいで山に出かけているのだ。東行しているつもりで西行しているのだ。彼らが求めるものは前方にはない。求めるものは後にある。人間は求めるものとますます遠ざかりつつあることに気づかないで、ますます前進しているのだ。人間の努力は永遠の喜劇でしかない」

「?……」

「例えて言えば、美と醜の関係はちょうど人間とその影法師の関係にある。人間が去ればその影も去る。人間が止まれば影も止まる。美が拡大すればその影法師の醜も拡大する。美が少なくなればその影醜もなくなる。美が前進すれば醜もまた前進する。決して美は醜を振り離すことはできない。捨てることも逃れることもできない。美と醜はどこへもくっついて離れることはない。人間の捨てようとする醜は美の投影であり、人間の求める美はまた醜の投影でもある。二者は同一物なのだ。人間の世界には、醜なくして美は存在しえない。醜なき美、絶対の美すなわち真の美は存在しないのだ」

「しかもなお人間は真の美をこいねがう……」

「人間が本当に醜から逃れようとすれば、まず人間は美を捨てねばならぬ。人間が本当に美を求めるのであれば人間は醜をも抱きかかえねばならぬ。

真の美を人間が得るためには、人間は人間のもつ美も醜も捨てねばならぬ。

美も醜も人間が捨てた時、なお屹立するものがある。それはもはや美醜と名づくべき美ではない。寂寞の世界になお厳としてあるもの、それは名無き美である」

「美でもない、醜でもない、名無きもの、美を捨て醜を捨ててなお存する名無きもの……名無きもの……」と私は口の内でつぶやきながらつい反問した。

「名無きものは」

いた。

老人はもうこのことについては何事も話さないであろう。私は沈思することも忘れて呆然として
私はハッとした。老人はもうしっかりと口を閉じていた。私は長い間老人の顔を凝視していた。

「存在しない」

と老人は冷たく強く言った。


老人は静かに腰を上げた。そして何事もなかったように飄々と歩みはじめた。

私は独りでつぶやいた。「名無きもの……」

私の目は見るともなく老人の枯木のような後ろ姿を見ていた。その姿はあまりにも素朴であった。

が、次の瞬間、急に私の腹の中には熱い愉快な流れが湧き起こっていた。

「名無きもの」つい口にした私の声は大きかった。老人は振り返った。そして微笑した。

「名無きものは？」私はすぐ答えた。老人の後ろ姿を真直に指しながら、

「ここに存在する」老人は私の顔を凝視し、そしてカラカラと笑った。私も声高く笑った。

足早に山の方に消え行く老人の後ろ姿を見ながら、私は独語していた。

「暖寒は衣服によらず、心身の健、不健にあり
醜骸は美服をまとうもいやし
貧衣に包むも法身は尊し
五尺の醜体、一布衣をまとえばすでに充分」

食

河の鯉が獲れた夜、老人を招いてご馳走したことがある。

老人は一椀の鯉汁、一椀の盃に陶然として、腹鼓を打たんばかりのご満足であった。

この老人の喜色を見て私の心も嬉しくなり、つい私はからかってみたいような気がしはじめた。

「ご老人にもご馳走はおいしいと見えますな」

と意外なといわんばかりの気色で老人は言った。

「ご馳走でないものがあるのかな」

私はちょっと面くらったが、負けていなかった。

「糞尿変じてこの大根となる」私の差し出した大根漬を老人はうまそうにぱくりとやって言った。

「大根を食って糞となり、糞を施して大根となる。大海の水変じて雲となり、雲は雨と変じて海に帰る。一々気にすることもあるまい」と軽く言ってなお老人は、

「悪人もてあそべば黄金も穢物となり、善人注げば穢物も黄金の水となる。まして百姓の流汗結集してこの大根となる」

大根漬をぼりぼり食って何くわぬ顔の老人、私は苦笑して話を変えた。

「近ごろ山門の僧徒も一汁一菜の粗食をやめてしまったと聞きますが、いかん？」

「山門の徒もまた全からず、やむをえまい」

「？……」

「病人に薬じゃ」

私は次を促した。老人は静かに話しはじめた。

「体が健やかであれば薬は不要じゃ。体が病を得て栄養を求める」

「心身が健康でもこれを保つのに食と栄養を必要とするのとは違いましょうか」

老人はちょっと微笑して突然こう言った。

「人間は生きているのか、死んでいるのか。禽獣生あり人また生命を得てこの地上に生きる。生はもとよりなり。食もとより存すべし。何ぞ求めんや、禽獣また食を好む。しかしじゃ、鳥はただこれをついばんで食し、獣はこれを噛んで食べるにすぎない。人はこれを尋ねこれを求め作り労して食う。相にて相離るること千万里というわけだ、解るかな」

「求めて食わぬと飢えるという現実の世に……」

「水中の魚が飢えたのをまだ見たことがない、犬や猿が米騒動を起こした話は聞かぬ」

「彼らはどこで倒れても悔いがない」

「人のみ死にきれぬというか。食を求めて生きて何の役もないことは禽獣と同じであるが……」

この時老人の額は少しくもって悲しくも見えた。

老人はつけ加えるように、

「人は食の足らないのを恐れる、偏すると憂える。甘美でないとて嘆く。しかしだ」と老人は言

葉を切り、

「山野に草木満ち茂るあり、何ぞ足らずと言わん。山川に魚獣住むあり、何ぞ偏するを憂えん。食の甘、不味を嘆かんより、その心身の弱きを正すべし。心身健ならば地上の草木魚虫鳥獣一として食たり得ざるものなく、一として食して甘からざるものなし。

身体不健なればいかなる食もこれを摂り得ず。いかにすとも美味とはなりえざるなり。食の豊凶、栄養、不味、甘味、食に在りて食になし。皆我身に発して我身に帰る。

人退いて食膳に美食を求めんより、進みて山野に不味を獲るにしかざるなりじゃ」

老人は軽く目を閉じて言った。

「一日甘味を味わうと、後日の食はみなその甘さを失う。一つ美食すれば、二のものが不味となり、二の美食を得るを四の不味を得たことになる。一を得て二を失い、二を得て四を失う。

しかも甘味もなお二度食うと甘くなく、三度食うとまずくなる。珍味も二度食うと珍味とならず、三度食うと平凡となり四度、五度重なるといやじゃと言い出す人間じゃ。

食は捜せば乏しく、貧して求めるとますます窮す。食は求めずして存在し、心は豊に身は貧にあると食はますます豊となる。

食を食膳に求むるをもって食偏す。原野に食を求むれば食全し。食偏して身体全うからず。心豊かに、食偏せざれば身体全く、貧にしてなお頑健となる。身体虚弱ならば食あり食すでに無く、身体頑健なれば食なくて食自ら生ず。

人、食に貪欲にして食を失い、

鳥獣、食に無欲にして食は豊。

禽獣は天命にゆだねて食を求めざるがゆえに、食いたる所の山野に満ち満ちてひろし。

人、天命を知らず。浅慮に走り食を求めて食を失い食を喰いて食となしえず。焦慮、奔走して狂態を演じ甘味を求め、美味を尋ね、珍味を欲ししかもなお偏するを憂え、投薬、施療に戦々恐々として寧日なし。

朝に北海の珍果を求め、夕に南溟の地に海獣を探り、東に人を走らして穀を得、西に人を使して魚を尋ね、朝に乏しきを怒り、夕べに豊なるを誇る。あさましきとやいわん。

あくことを知らざる人間、おごれる王者、しかも果たして彼が食豊かなりや、食美味なるや」

と老人はジロリと私の顔を見た。

私はつぶやいた。

「人、食を食して食を知らず。

食、食にして食にあらず。

求めてこれを失い、探ねてこれに遠ざかる。

人、果たして木によりて魚を求めたるか、水中に鳥を獲て喜びたるか?……。

我が食せるものは果たして何ぞ……」

老人がつけ加えるように言った。

「満蒙の野人、食偏して健
都人、食足りてなお弱

山海の珍味も変じて毒となり
一汁一菜も変じて山海の珍味となる
食は食に在らず、人食に依らず
人、人によりて全し
　色　聴　香　味　これもまた空か
　　　　　　　　　アハハハハハ」

老人は声高く笑った。

住

ある日、意外な門前に例の老人を見出した。老人は村一番、いや、この近隣には見ないご大家の広壮な邸宅を見上げ見回して何か不審顔しているのである。

意外なというのは、かつてこの家の下男が老人に道で出会った時、下男が、

「老人よ、お前さんは何も好んで貧乏人の所ばかりに行かなくても、あり余る旦那様の所に出入りすれば、得ではないか」と言いかけるやいなや、老人は大喝、

「あり余ればそちらから持ってこい」とその剣幕に下男も驚いて、あわてて逃げ帰ったという話があった……そのご大家の門前に老人を見出したからである。

「ご老人、何かご用でも……」と尋ねると、老人は私を振り向きもしないでつぶやくように、

「この家の人は何年生きられるつもりじゃろう……」

老人は知っていての皮肉でもなさそうである。

「この家のご主人はよい方ですが、長い間胃病で病の床につかれ、またその娘さんも病気で都から帰っておられるようですよ。みんなよいお方らばかりだのに」

「おお……それはお気の毒な……この門は、この塀は、家は、何百年も、何千年も残るだろうが……」

私はオヤオヤと思った。老人は何を言い出すかわからない。この家の誰かの耳にでも入ればと心配し出した時、老人はすたすたと歩きはじめた。老人はいつになく悲しそうな、愁い顔の様子も見える。私は慌てて後を追いかけた。

「あの邸宅はご老人のお気には召しませぬか？」

老人はぽつりと一言いった。

「わしは五尺じゃ」

なるほど、爺さんは貧相な体だ。この姿であの広壮な邸宅には似合わない。やはりお山の掘っ立て小屋がふさわしい。

「心命雨露をしのげば足るというわけで……」

老人は路傍の石に腰を下ろした。そしてぽつりと言った。

「そうじゃの。住家というものは、雨露をしのぎ風雪を防ぎうればもう充分じゃ。広壮な建物は

もはやねぐらとは言えぬの」

私にはねぐらという言葉が何か懐かしい気がした。

老人は鳥獣も、人間も区別しない。そうだ。ねぐらとは鳥獣にとっては憩いの場所を意味するが、広壮な建物は……ねぐらではないと老人は言う。

「広壮な邸宅は憩の場所として？……」

「憩にはなるまい」とはっきり言い切られては、私も追求せずにはおられなくなった。老人は明らかに広壮な邸宅を軽蔑している。

「ご覧のようにあの邸宅は雨露をしのぐというよりは、風雨の漏れる一分のすきもありません。外気の寒さ暑さも邸宅の中には及びませぬ。張りめぐらされたガラスで冬の日も暖かい。そればかりか部屋の中では、ストーブが真っ赤にたかれます。夏は夏で扇風機が冷風を吹き送ります。人が住み憩うには完璧のように存じますが？」

「完璧か、なるほど、完璧の遮断じゃの……あの屋根、厚い壁、頑丈な戸、高い垣、堅い門。陽光を避け、地温を遮り、大空を遮断して正に完璧というべきじゃの。真実この世の姿ではない。ご主人はこの世から逃れたいというのか？　でもなかろう」

「高い垣、重い屋根、冬は陽光も透らない厚い壁では夏の冷風も遮られる。だが家は夏冬の暖寒を和らげ」と言いかけるや老人は、

「外気に暖寒はあるが、禽獣に暖寒はない。人に暖寒もない。人々に暖寒なくとも、人心暖寒を知るため、暖寒を生ずる。暖寒は我が身に出発するのに気づかぬのか。

八方を開けば、外気はすでにない。寒風をついて走れば身は熱汗の暖をおぼえ、閉めきって部屋にたてこもれば、すき間風にも肩をすくめて震えねばならぬのじゃ。

人間が外気を恐れて逃げようとするのは、水中の魚が水を嫌って陸に上がるのと同様の愚。人間も、地上に住むのをやめて海中に住むか、寒風もなし、熱風もなし、管を上げて海上の空気を呼吸すれば完璧か?……。

春夏秋冬の暖気、風ありてよく、風なくしてよし。有難ければ恐るべき何ものもなきはずじゃ。天に春夏秋冬があり、暖寒は定まらずというが、極北、南溟の地はさておいて、冬から夏に飛び、春から秋に移り変わるというものでもあるまい。暖寒は徐々に来て、徐々に去る。

鳥獣草木はみなその所に慣れ、安じて生命を保つ。冬が来たとて鶏は、はだしじゃ。春が来たとて狸が衣替えをした話は聞かん。冬が来れば戸を閉ざし、夏が来れば戸を開くはまだしも、夜が来た、朝が来たとて毎日毎日ガタピシ戸障子を開け閉めせねばならぬほど人間は弱い動物なのか。

家に扇風機あり、暖炉あり、ガラスあり、灯火ありと誇るのは、玉を捨てて瓦をかかえて喜ぶの愚に等しい。

どんな扇風も野の薫風には及ばない。暖炉も陽光に、灯火もまた月の光に及ばない。夏に熱風があるがゆえに、人は木立ちの涼味を知り、冬に寒冷あるがゆえに、人はまた陽光の温暖を楽しむことができる。

完璧と自負する邸宅もまた不備、不具、不善。広壮を誇る邸宅もまたあわれむべし。狐狸の巣、高楼の夢、橋下の寝床に及ばないことほど遠い」

私は老人の鋭鋒に微苦笑せざるをえなかった。

老人の住む山小屋はまさしく垣なく、壁なく、戸障子もない。外気もなければ内気もない。日が昇れば小屋を這い出し、日が落ちて木の葉のしとねに寝る。暖寒あれど、暖寒を覚えず、風雪あれど、風雪を知らずか。着たきり雀のぼろ衣一枚、飄々として山中を飛び歩く老人には大自然の懐こそ、そのねぐらなのであろう。

大都会に建ち並ぶ広壮なビルディング、幾十階と空にそびえる鉄筋、鉄骨のアパート、厚い壁、頑丈な窓、部屋には暖房、冷房の装置、羽毛の布団、絹の衣服、そしてレコード、ラジオ、テレビ等々と連想していって、私はふと思い出した。住宅は暖寒、風雪をしのぐばかりが目的ではない。

私は老人に向かって言った。

「あのお屋敷の中には立派な部屋がある。床には山水の名幅がかかげられ、花瓶には生け花あり、庭園にはまた老松あり、奇岩怪石、泉水の妙があると聞きます。邸に美あり、楽しみあり、慰めあり」と言いも終わらぬ中に、老人はカラカラと笑って事もなげに言った。

「本物と遊ぶことはしないで、玩具をもてあそんで喜ぶ。外に青い山、清い川があり、海浜には巨松、巨岸の怪もある。緑野に百花乱れ咲き、百鳥さえずってこれに和す。何ぞ小屋の床に名幅をかかげて遊び、庭園の盆景を眺めんや、じゃ」

私は二の句がつげなかった。老人は嘆息して言った。

「人心すでに暗ければ、目はめしいて天下の絶景を見ず。耳すでに閉ざされて天地の妙音を聴かず。山野の美もいとって床の間に移さねば承知ができぬ。外に出でて風物を愛でず庭に移して後、安心してこれを愛玩する。鳥の声も野に放しては聞けず、籠に入れてようやく美声に耳を傾ける。婦女は足下の花を踏みにじって省みることがなくても、小枝を手折って花瓶に挿しては美しいと称揚する。

山野の巨松が伐られて嘆く人は少ないが、己の所有する盆景が損なわれたら狼狽怒号する。山野に一文の価値なく、一幅の名画に千金を投じてなお惜しいとは言わない。

愛すべきものを愛するのではない、賞すべきものを賞するのでもない。百花の中にあっては百花も花とはならぬ。人は百花を捨てて一枝を愛玩する。美を見て美を愛でるのではなくて、我欲、我執を賞美しているにすぎぬのじゃ。

人はすでに百花に遠ざかり、百鳥、百景を失ったことは思わず、一枝を手折って邸宅を飾り、名画をかかげ、名曲に耳を傾け、庭園をはい回って自らを慰める。

人は高台に遊ぶ時は百景、百花を省みることがなく、その身が一度牢獄の囚人となってはじめて、窓外の桜花一枝の美しさにも感泣する。

我欲、我執の徒、壁を高くし、門を閉ざし、身を囚人のごとくして、花瓶の偽花、一幅の偽画、偽景を抱えては、名器、名画よ、名園よとて人に誇り、独りこれをひねくり回して感激する。

その身はすでに我欲、我執の囚人となっていることを知らず。外に出て真の姿に触れるを忘れ、虚姿を楽しんで耽溺する。

美をねがうはすでに美に遠ざかりたるもの、楽しむというはすでに楽しみを失ったもの、憩いを求めるのはすでに疲れたものである。美をねがわず、美を追わず、慰めを求めないものこそ尊い。

広壮な邸宅はまた奥深い牢獄、その身を護るのに完璧と信ずるものは、鉄柵に身を最も堅く束縛された人にほかならない。牢獄に縛られ、真の姿を楽しまないで虚姿に憩う。広壮の邸宅にあるもの、誇るもの一つとして軽蔑に値しないものはない。何ぞ住むに広壮の邸宅をもってせんやじゃ」

「老人の目には宮廷に住む王者も、虚栄に憩う囚人にすぎないのか」

「広壮という、広いというがすでに奇怪じゃ。青空の下、大地の上、何ぞ一画を区切って広いと言うぞ。

山野の絶景、美花、色鳥を邸中に移してこれを愛玩すといっても、耳目、一物を見ようとすれば、他物を見ることができない。一物に執着すれば、万物は消える。一鳥の声を聴こうとすれば、百鳥の声は耳に入らない、一鳥を籠に入れた時、百鳥のさえずりを聴く耳を失う。

獲得することが多いと思う時、人はますます多くを失っている。執着すればますます失い、失えば心はますます狭く、心狭くなれば王様の邸宅もまた狭い。天下の名画を揃え、山水の景を掌中に握る王者の邸宅も心なければ囚屋のごとく味気ない」

「心に囚われなく、心広ければ?……」

「窮屈な王者の邸宅など逃げ出すじゃろう。

人は半生苦役しても広壮の邸宅を建てて、後生を思い子孫に残すことをねがう。人を欺き、盗財を蓄え、辛労して石を動かし、材を運び、万人を使役して広壮の邸宅を建てようとする。

高楼の建った時、辛労またかえって、我身疾患を免れることができず、その身が衰えては羽毛の布団、絹の夜衣も病軀には重く、疲れた心を横たえるに役立つのみであろう。

地熱、陽光、快風を遮り、深窓に隠れて住まえば、子孫代々病の絶える間のないのも道理。鉄筋、鉄骨の建物は万代に残るが住むべき人は絶え、人は変わる。

やれ拭いた、掃いた、磨き上げよとわめき立てて下男、下女走り回って、いたずらに広いのに苦しむくらいが落ちじゃ。

傲慢不遜、広壮の邸内に満ち満ち、羨望、羨視、垣の外に注がれる。居心地のよいはずがない。家がどんなに広いといっても子供が凧を揚げ、羽根をつくというわけにはゆくまい。家が狭けりゃ坐食、坐尿、至極便利じゃ、他人の手を借りることもいらん。

一朝、日出て外に動き、一夕、日入りて家に憩う。今日ありて明日を期せず、昨日を思わず、一衣一椀、方丈に坐し、春夏秋冬、ただただこれ好日」

「ご老人の茅屋もまた王者の高楼か」

「一朝の夢、一露の命、結ぶに何ぞ鉄骨、鉄筋の高楼を築かんや……。

ウアハ……」二人は高らかに笑った。

労働

麦がぐんぐん伸びはじめるに従って仕事も忙しくなる。朝の間はいまだ寒いが、昼過ぎになると背中がじっとりと汗ばんでくる。

田んぼの仕事も冬の間休んだせいか、体が仕事に慣れないようだ。鍬が妙に重い気がする。向こうの畑で草むしりしているお婆さんは手を動かしているのかいないのか、まるでカタツムリのように動かない。

これから今年も一年中、百姓は働き通すのだ！

仕事、仕事……。

冬ごもりの間は春が待ち遠しい。早く黒い土を踏んで働きたいと思ったこの土だ。

仕事は楽しい……がまた労働は楽じゃないともいう……野良に出て働けば気も心も晴れる。……が、隣りの爺さんは長い間の仕事の疲れが出てとうとう寝込んでしまった。……それも事実である。

仕事は苦しいものか？　楽しいものか？　ただそれも程度の問題にすぎないのか、時と場合によって苦しくもなり楽しくもある……それでよいのだろうか、それだけのものであろうか。

一体、人間は何ゆえ働くのだろう。何のためにどうして……私は他愛もなく思い惑いながら、ふと山の老人はしばらく顔を見せないが、何をしておられるだろうなどと想いながら、腰を伸ばしたすると、

「ご苦労じゃの」山の老人だ。

老人は私の仕事ぶりを後ろで見ておられたようだ。仕事を老人はご苦労と言った。

「顔に書いてある」老人は悪戯っぽく笑った。私は苦笑して言った。

「ご老人にも仕事はやはり楽ではありませんかな」

「わしには仕事はない」老人はとぼけた顔である。

私が怪訝な顔をしていると、老人は言葉を換えて言った。

「仕事は苦しいといいながら仕事をしているものもある。また楽しく仕事をしているものもある」

「楽しんで楽しく仕事をすれば苦しい仕事も楽ですな」

「喜んでやればおもしろい」

「まあご老人、腰でも下ろして話して下さい」

「立っていても座っていても同じじゃが、どれどれ」

「ただ一言お尋ねしたいが」

「答えも一言で充分じゃが、どうせ一言ではおさまるまい」

「百姓は一年中働いております。仕事につらい時もあれば楽しい時もある。元来仕事には軽重、大小があるから当然のことともいえますが……心の持ちよう、気の使い方、時と場合で違うようにもなりますか……私らは」

「みな、本当のことである。しかし、みな間違いでもある」

「間違いとは」

「もともと人間の仕事に軽重、大小があるというのが気に入らぬ。人間の体力に引きくらべて物に大小、仕事に軽重があるとみるのは無理もないが……まあ考えてもみるがよい。

アリはアリなみ、ハチはハチなみ、犬は犬なみ、馬は馬なみ、人も人なみ……でよいではないか。

アリが牛なみ、人が馬なみの仕事をせねばならぬわけではなかろう。人間の仕事も人間なみの仕事となれば、大山を動かせの大海の水を運ぶのというほどのものでもなかろう。

食って着て寝る人間の生活に必要なものを作り出すには、人間なみの仕事で結構間に合うはずである。百姓の仕事でいえば、せいぜい田畑を耕し、牛馬を使い、草を刈り、薪を荷ない、米を運ぶくらいのものではないか。

お前が仕事の軽重といっているのは、実は仕事そのものの軽重をさしていないともいえる。アリに一貫の鉄塊を運べといえば重いというじゃろう。ハチに一斗の水桶を運べといえば無理になる。お前が軽重といっているのは多くはそうでなかろう。

アリが一山の砂糖を一度に運びたい、ハチが一盃の蜜を急いで運びたい、と思って運びこもうとする時のつらさ、苦しさを意味しているのではないか。

アリはたとえ一山の砂糖を見つけても一回り一片、一回、一塊を慌てず急がず、繰り返して運ぶ。ハチは花に蜜が満ちあふれていても、手一ぱいの蜜をとれば帰ってくる。人間は一塊よりは二塊を、二度の分を一度にしてもっとと急ぎたがるから、つい苦しくもなる。そこに重労働が発生するわけである。元来仕事に軽重があるというよりは、人間は軽い仕事も重くして、自ら仕事に軽重をつけたまでじゃ」

「そういえば軽労働、重労働といっても何も十貫匁のものを運ぶから軽労働、百貫匁のものを運ぶから重労働……と一概に決めているわけもないが……重いものを軽くして運べば、重いものも軽くはなる……」

「重いものを軽くしてという言葉が、すでに間違いの元となる。世の中には重いも軽いもない。アリは羽毛を運んで軽いと思わず、甲虫の死体を運んで重いともいわぬ。一を運んで速く、一を運んで遅いにすぎぬ。遅速あれども軽重なく、アリ、遅速を知らざれば遅速もなし。物に軽重、大小があるかないか、人間はアリに聞くがよい」

私はいささか困惑した。私は頭をめぐらして向こうを見た。そこには先ほどからの婆さんの姿があった。婆さんは二人の話を聞いているのかいないのか……動いているのかいないのか、わずかに手先が動いて草をむしっているようである。まことに春日遅々の姿ではある。

そうだ、遅速あるがゆえに軽重を生ず、婆さんの姿には遅速がない。遅速なければ軽重もない。振り返って見れば、老人はかすかに笑っている。

仕事に軽重はあるものと頭から決めてかかっているが、言われてみれば、大山とて一塊一塊崩して運べば必ずしも重いとはいえぬ。大河とて一つ一つの石を積み重ねてゆけば築かれぬこともない……とすれば、つらい重いというほどの仕事は人間にはないのである。

アリの力は体の何十倍もの物を動かすという。ノミは自分の体の何百倍もの高さを飛び越える。重労働といわれる百姓の仕事もそのつどそのつどの仕事を見れば、せいぜい体の二倍か三倍のものを動かしているにすぎない。アリから見れば、おかしいほどの軽労働にすぎないはずだ……。だが……？……やはり労働は人間にとって苦痛だ……。

「そうだ、ご老人」

「考えてまた判らなくなったか」

「……仕事に軽重なしとしても、たとえ軽い楽な仕事でも、これを朝から晩まで続けていると、やっぱり疲れも出て、つらくもなりますが」

「鍛冶屋や石屋は朝から晩まで鎚を振り上げて、しかも一向に平気でいるが、百姓に鎚を振れといえば半時も続かない。また鍛冶屋に鍬を使えといえば半日で辛抱ができなくなる。何ゆえか……」

「慣れる。仕事に慣れるとそれほどでもなくなる」

「慣れるということは」

「その仕事に練磨する。反復練磨することによって体が強くなり、また体を上手に使って無駄がないから仕事が楽にできる。疲労の蓄積に耐えうる体力、耐える技能を獲得することであろうか」

「反復することにより仕事は楽になったのか」

「仕事を繰り返すことによって慣れて楽になった」

「楽な仕事でも繰り返せば疲れるといったのは？……」

「青竹を曲げてみよ、離せば」

「元に返りましょう」

「もう一度、さらに一度、二度、三度、四度、五度、幾百回となく繰り返したその時は」

「やはり元に返りましょう」

「青竹は疲れたとはいわぬか。練磨されて楽になったというだろうか……」

「無理をせねば、疲れもせねば、楽にもならぬと言われるのか」

「無理をせぬからではないだろう。人間は同じことをしていても疲れたと言ったり、平気でいたりする」

「？……」

「人間はあまりにも考えて仕事する。仕事の軽重を計り、遅速を思い、繰り返すとか、続けるとか……なおその上に利害、損得、毀誉褒貶まで考えて……。

たとえ同じ仕事をしてもだ。自分の田を耕す時は、仕事に励みも出て、仕事がはかどるという。他人に雇われて耕す時は日の落ちるのが待ち遠しくて元気もない。

豊作の時は稲刈る鎌も軽い。凶作秋の稲穂は軽いが、刈る鎌は重い。

軽い針を動かす縫針仕事も、賃仕事となると肩も凝り、疲れも早いが、愛児の衣服を縫う手は軽く、夜更けてもなお疲れもおぼえない。

自分の野心のためなれば、身を粉にしても働き、名誉のためなれば身命を投げ出しても苦痛としないのが世の人の常なのだ」

「なるほど、同じ仕事をしても、時と場合で、同じ苦痛を感じるというわけではないようだ」

「同じ道を往復しても、楽しい遠足で往復した時と、お使いで往復した時では違ってくる。心が重ければ一里の道も百里の道、心が軽ければ、千里の道も一里となる。

同じ雪を相手にしても、雪だるまにして遊ぶ時や雪投げ雪滑りをやる時よりも、雪かき、除雪を仕事とした場合では、雪の冷たさ、苦痛も倍加する。

同じように、手足を動かしても、それが遊びの場合は楽しいと言い、それが運動と名づけられた時はおもしろいと言い、競技になれば苦となり、練成ともなると苦痛となる」

「同じ仕事でも心の持ちよう、気の使い方で、苦・労が違ってくる……しかし……苦は心、労は身体と……仕事の名前、心の持ちようで、仕事の労苦も違いはしますが、しょせん仕事のために受ける体の負担は同じことで、ただ心の持ちようで心の辛労が違うというのにすぎないのでは……」

「体の労苦は心で認識し、心の労苦も結局は身体に帰る」

「とすると、心の持ちようで、仕事も楽に、田んぼへの道も遠足の道と考えると……」

「泥中のドジョウ、天地の上下を知らず……か。右せよといっても、左を知らねば、右は分からない。左せよといっても右を知らねば、左するわけにはゆかぬ。右か左か相談している間に日が暮れる。苦だ、楽だ、何が苦か楽か分からないのに、右し左するから、のたうち回るという結果になる。

雪かきは雪かき、雪投げは雪投げ。雪投げを雪かきと思って苦労する馬鹿もいまいが、雪かきを雪投げと考えよといってみても無理な注文だ。

もともと人は楽を知って苦を生じ、苦を知って楽を知る。表は楽で、裏は苦。横から見れば、同じもの、上り道と下り道、違うようだが、同じ山だとは気づかぬか」

「苦楽が同一物とは」

「雪投げありて、雪かきありじゃ……楽を求むれば、苦労を逃れんとするがゆえに苦。苦楽の山に一度登れば、人間は苦の世界から脱却することはできなくなる。登っても下っても苦労がつきまとう」

「苦労の世界から脱却への道は……」

「ただ一つ……アリに労働ありて、労働の文字なく、労働の文字なくして労働なし。

ハチに勤労ありて、勤労の文字なく、勤労の文字なくして勤労なし。

赤子終日手足を躍動して、さらに疲れを訴えず。小児遊びて日暮れ、なお疲れを知らず。

ただ独り大人は一時手足を動かして、すでに疲れをおぼえ、一日働いて身体綿のごとく寝る。

労は身体にありて、身体になく、
苦は心にありて、心になし。

労働ありて労苦なく、労苦なければ、労働もなし。

いずこに労働生じ、労苦は何ゆえに来るか。

心頭滅却すれば、火災もまた清風か……」

私は再び向こうで、草むしりに余念のない婆さんの姿を見た。その姿は時空を超越した木石のようでもある。無心営々として働くハチのうごめきのようでもある。

草むしりも、縫針仕事も、シラミ取りも、何ら違わない。今年の秋の災害を思うでもなく、収穫を楽しむでもない。ただ草むしりのみがある。ただただ陽光を背に浴び、大地の温もりにとけ込むような姿……すでに草むしりもない。そうだ、一刻、一刻の仕事、仕事にして仕事の名もつけられない一刻。一刻の仕事に軽重なく、一刻の間に遅速なく、一刻に住すれば、継続もなければ、反復もない。

心労、もとよりありようもない。

アリの一歩、アリの二歩、仕事もなく、労苦もなし。ただただ一刻の生命のみである。

私は晴れやかに笑った。

老人はだまって答えなかった。そして静かに歩み去った。私はいつまでも老人の小さく消えてゆく姿を見つめていた。

老人の姿が山の彼方に全く消えた時、すぐ近くで起こった音に私の瞑想は叩き破られた。私は今、私らの村に起こりつつある現実を直視せねばならなかった。それは何か。農家の機械化である。電化である。科学的技術の導入である。

自動耕耘機の轟音である。揚水機のモーターのうなり、蛍光灯の点滅、脱穀機の回転、動力噴霧機の噴射等々は何を意味するのか。これらは今農村に何をもたらしつつあるのか?……能率の高揚……。

生産の増大という、省力という、時間の短縮だ。寸秒の時間の獲得である。そして百姓が楽になる……。

今農村は、寸秒を争うべく懸命の努力を傾けているが、果たして農村にしたら、結果は何であったのか……果たして百姓は時間を獲得できたか、仕事が楽になったのか……。

十年、二十年の前には、私らの村は平和であった。そして、春秋二回の農繁期はともかく、夏は川や池での魚取り、冬は犬を連れて兎狩り、鳥撃ち、大人も子供も一緒に楽しむ時間があったが。あらゆる百姓仕事が機械化されつつある今日、百姓は何ほどの余裕を獲得できたであろうか。

「仕事は楽になった。鎌、鍬ばかりを使って仕事をしていた時よりは、機械を使うようになって百姓も楽になったものだ」という言葉の下で百姓は、しかし、と首をひねって言うのだ。

「百姓仕事は楽になったかもしれない。しかし百姓が忙しくなったことも事実だ。遊ぶ暇がなくなった」

「昔は百姓は馬鹿でもできるといっていたが、今時の百姓は馬鹿ではできぬ。昔は呑気にやれたが」

機械化で百姓は楽になったという。また百姓は多忙になったという。矛盾するこの二つの結果は何を意味するのか。

それは生産の増大を必要としたためであり、仕事の拡大を引き起した結果にほかならぬ。

もし仕事の量が、拡大する速度が、機械化の速度よりも速い場合は、人間は楽になることはない。

機械化の速度が人間の仕事を急速にかたづけて、人間が仕事から解放される、仕事がなくなるということがあるであろうか。

仕事の拡大と、機械化はいずれが先行するのか。

仕事と機械のイタチゴッコにすぎないのではないか？　とすると人間は何をなしているのだろうか。老人はかつてこんなことを言った。

「人間は底のない桶に、水を汲んでいるのだ。一杯の水を汲めば、一杯の水が流れ出し、二杯汲めば、二杯の水が流れ出す。手で汲んでも、機械で汲んでも、急いでも、あわてても、同じことにすぎないのだが」と。

果たして人間は無益な徒労を繰り返しているにすぎないのだろうか。しかも、加速度に、急速度に大馬力をかけて、底のない桶に水を汲み込みはじめている。

人間はアリのように一定の量の仕事を、同じ速度で無心に繰り返すようなことは、次第に許されなくなっているのではないか。人間の仕事は目まぐるしく変転している。

そして人間の仕事は次第に科学の力によって楽になっていくように見えていて、その実、ますます困難になりつつあるのではないか。人間の生活は時代の進展と共にますます複雑、昏迷の淵へと転落しつつあるのではないのか……。

私はかすんでいる山の彼方を見た。

老人は科学の力と価値を否定するであろう……。

時間と空間

私の幼い時、村にも初めて自転車というものが入ってきた。それは村人にとっては大きな事件であった。

ピカピカ光る銀色の車体、軟らかいゴムの輪、走るに従って車輪はキラキラと反射し、乗っている者はいかにも得意気であった。

人々は足を止めて道をゆずり、驚嘆の眼をもって彼を見送った。それから間もなく、村と街とを結ぶ街道に、勇ましく吹き鳴らされるラッパの音と共に、乗合馬車が出現した。村の話題は乗合馬車の中から振りまかれていった。

だが間もなく自動車が、村の街道を走る時がきた。子供はこの巨大な怪物の疾駆には驚異の歓声をあげてその後を追い、老人は恐怖を感じて道を避けた。

村の青年らは世の中の急速な変わりを身近に感じて、身震いするような興奮を味わっていた。村の娘たちは自動車の運転手に、讃嘆と憧憬の瞳を向けるようになった。その粋な伊達姿、理智にひらめく顔容、すばらしい文明の象徴として彼女らは村の若者らの泥くさい体、ノロノロとした仕事に憎悪と嫌悪を感じるようになった。

利口な若者ほど敏感に彼女らの瞳の色を読んだ。若者らは野良から出てヒソヒソと語り合うことが多くなった。やがて一人去り、二人去り、徐々にそして急速に若者らは村を捨て、都会へ、街へと抜けていった。

愚かな者のみが、村に取り残されていった。かつては重い材木を積んでガタガタと行く荷車の側を高い鞭音を残して走り去った乗合馬車も、モダンな乗合自動車が疾走しはじめた時から急速に落ちぶれていった。

かつては勇ましく吹き鳴らされたラッパの音も、今はただただだうら悲しく響く。ガタガタと揺れながら走るその車は、ただ旧時代の滑稽な遺物として愚鈍な青年らまで嘲笑した。

乗り手のない車に水鼻をすすりながらヤケにむちを振る老いた御者に、時々憐憫の情をもたらす者はあっても、一人往き二人遠ざかり、やがて彼は村の人々から置き忘れられてしまった。時々老人らのみが嘆息した。

「これが時代である」と。

古いものは取り残され、新しいものがこれに代わっていった。

自転車、自動車、汽車、汽船、飛行機へと、地上の交通機関はここ二、三十年の間にめまぐるしく発達し、まことに驚異的な発展をとげた。

人々のかすかな疑惑や反抗は、この急激な変動の流れに対しては、全くはかない泡沫でしかなかった。

交通機関即文明とさえいわれ、やがて交通機関が人間社会の機構になくてはならぬ一大動脈となった時、轟音を発して疾走する彼らの前には、個々の人間のひ弱い感情などは全く降伏してしまった。人々はもはや、何事も信じて疑わない。この巨大な文明は傲然として人間の感情に威圧を加え何らの批判も許さない。

ところで、この巨大な交通機関に対して老人は奇妙な言葉を吐くのである。

「なるほど、自動車、汽車、汽船、飛行機を人間はつくった……が、人間はその結果、何を得たというのであろうか」

「もちろん速くなった。人間は乗り物を得て楽になった。便利になった」

「楽になった?……便利というが、確かに速いか」

「自動車や汽車が速くないとはいえないでしょう」

「一定の距離を行く場合に歩いて行くよりは確かに速い……」

「自転車は人間より速い。しかし自動車より遅い。自動車は汽船より速いが、汽車より遅い。汽車も飛行機より遅い。速いと遅いとは……」

「もちろん、相対的なもので、時間と空間の上に成立する。自分らが若い時、人間の足は遅い、のろいなどとは誰も考えなかった。三里、四里の所には、夜なべ仕事にでもちょっと行ってきた。人間の足が弱いなどとは、むしろ強くて速いことを誇ってさえいた。犬や馬よりは足は達者だ。世の中にはまだ遅いものがいる。カメやカタツムリだとかモグラも遅いとか……」

「もう結構です。なるほど、昔の人は人間が遅いと、確かに苦痛を感じてはいなかった」

「人間ばかりの時は遅い、速いは考えなかった。比較するものがなければ……とすると、速い遅いはいつからできた……」

「？……」

「自動車は……」

「人間より速い」

「速いものができたか」

「もちろん」

「自転車ができた時、人間は遅くなり、自動車ができた時、自転車は遅くなり、飛行機ができた時は、自動車も遅くなった。現在では飛行機さえも……もっと速いものの出現を期待している時代となった。

速い自動車をつくったと人間がいう時、人間は人間を遅いものにした。速いができた時、遅いができた。人間がより速いものを知った時、人間はより遅いものを知らねばならぬ。人間は反面ばかりしか見ていない。人間が速い自動車をつくって速いということを喜んでいる時、その裏面で人間の足は遅いものとなり、その遅さを嘆かねばならなくなっていることに気づかねばならぬ。人間が速いものを獲得した時、また同時に遅いものを獲得せねばならぬということは極めて重大なことではないか。

人間は速いものをつくっていることを忘れてはならない。速いものを喜びとすれば、遅いものは悲しみとなる。

遅いものを悲しむ心がなければ、速いものが喜びとはなりえない……人間が喜びを得たと思う時、非常な悲しみの種をまいた時でもある。しかもそれは同時で同量である」

「とすると、その結論は……」

「人間が得たものは……速い乗り物、ただ単にそれだけであり、速い乗り物はただ単に速い。それだけでそれ以上の何ものでもない。人間が速く、楽に、便利となったと考えるのは早計である。人間とは本来何らの関係もない。元来、遅速が自動車や汽車にあると考えるところに間違いがある。遅速は車馬にあって車馬にない。速いと思えば速く、遅いと思って乗れば遅い。悠々と乗れば渡舟も速く、心急いで乗れば、汽車、汽船も遅い。

人間の遅速は車馬になく、人間の悲喜は車馬によって生ずるわけのものでもない。車馬は人間の本質には、何らの影響も与ええず、遅速も時に従って転倒する」

「遅速は相対的なものであって人間の心でどうにでもなる。速いと思えば、カメの歩みも速く、遅いと思えば、飛行機も遅い。と言えばなるほどそうでもある。しかしまた、交通機関の便利な点は楽だということであれば、歩くより乗り物に乗るほうが楽である」

「乗り物に乗るほうが楽というか。苦楽が乗り物によって真に生ずるか。

隣りの祖母さんは自動車に乗れば、胸が苦しく吐きそうだと言う。祖父さんは車はともかく、汽車に乗ると目まいがするという。裏の娘さんは飛行機から降りた時は死人のように青白であったと言う……乗り物は本当に楽なのかな」

「しかしまた、子供らには遠足だ、汽車に乗せてやるといえば、歓声をあげて喜ぶ。ほこりっぽい長路を歩いていて乗り合い自動車に乗れば、車に乗った時はやれやれ楽になったという。テクテク歩くよりフカフカした座席に埋もって乗れば、自動車くらい楽なものはない……」

「乗り物は苦か楽か、どちらが本当だ」

「時と場合によるかもしれない。歩きくたびれた時に乗り物に乗れば楽である。慣れない乗り物に乗れば苦しい」

「誰もがそう思っている。しかし静かに考える時、高速で走っている列車に肉体を乗せる時、激しく動揺する飛行機に身体を結わって乗っている時、その肉体は果たして楽か」

「厳密にいえば、このような状態は肉体にとって楽な状態ではないかもしれない。運転手は最も慣れた乗り手だが、一日の勤務は相当激しい労働になっていることは事実である。……しかし、やっぱり歩くよりは……」

「歩くということが、それほど人間にとって苦しいことか、くたびれることか。終日手足を動かしてなお疲れを知らぬ赤子。朝から夕方まで野良で働いても疲れを知らぬ百姓が、急用で街の医者まで行けば汗をかく。物見遊山といえば、十里の道もほろよい機嫌で歩んでしまう。だいたい病で床に伏せておれば、寝るのも苦しい。一日も早く歩きたいと言いながら、元気になって歩き出せば、一日ゆっくり寝て休みたいというのが人間だ。寝ているのが楽なのか、歩いているのが楽なのか、座るのがよいか、立つのがよいか。時とか場合というけれど、何が楽で何が苦なのか少しも解らぬ人間だが、少なくとも、乗り物に乗るより歩くほうが楽だというのが真実なのだ。

歩いていて疲れるのは、歩くことの心労によって疲れるというのが本当だ。心がくたびれて、肉体が疲れる。真に何の目的も意識もなく、時間と場所を超越してフラフラ歩くその時は、歩いて疲れたということは病人でない限り、ないはずじゃ。

いかにフカフカと軟らかい座席でも、およそ高速の乗り物に乗り続けておれば、半日ブラブラ遊んで歩くより疲れるのが本当だ。

一日走り回る犬、終日羽を動かし続けるチョウやハチでも、疲れを知らぬ。人間という動物のみ日中の運動で疲れるということはない道理であろう。

列車の中で貴婦人が犬や猫を膝の上に乗せて愛撫しているのを見受けるが、果たして犬や猫は楽だというだろうか。列車から降りた時、解放された喜びでやれやれと尻尾を振って喜ぶのが犬、猫である。

昔、百姓が馬が疲れたであろうといたわって、息子と二人で馬を逆さにつるして担いで帰ったという笑話があるが、楽と思う心が、喜劇にすぎない。

馬を荷車に乗せて引けば、馬は喜ぶであろうか。人間のみが異例ではないはずだ」

「列車や飛行機に乗っているそのことは楽ではないかもしれない。しかしそれにしても乗り物に乗っておもしろかった、楽しかった、愉快だという時がある。そんな時には苦しさは感じない」

「それは列車に乗っているから楽しいのではない……生まれてはじめて列車に乗った田舎者は、村に帰って土産話にしようなどと考えるから乗車が楽しくなるのであり、窓から首を出して移りゆく風景を楽しむゆえに、身の車中にあるのも忘れて楽しくなるのであろう。

遠路の車中も恋人同士の旅行であれば楽しいというであろう。彼らの楽しみが列車そのものから発しているのでもなければ、楽だというのが、直接列車のおかげでもない。それが証拠に同じ道を行ったり来たり列車通勤の学生は、列車に乗るのが楽しいなどとはいわなくなる。列車の乗務員は列車に乗れば楽だ、楽しいなどとはいわない」

「だが楽ではないにしても彼らは列車に乗るのに慣れてくれれば、苦しみが次第に薄くなるということは……」

「慣れたがゆえに楽になるのではない。慣れるがゆえに乗るという意識が稀薄になり、乗る意識が稀薄になるに従い、乗車による身体の労苦に対して無感覚、無神経となったにすぎない。第一回の乗車も第幾百回の乗車も、車の動揺や風圧は同一であることに間違いはない。やっぱり労苦であり、回数の積重により楽にはならぬ。

しかし人々はいう。自転車の乗りはじめは、特に練習中は苦しいものだ。ようやく乗りはじめるとそれほどでもないという。上手に乗り回すようになると何の苦労もないという。これは何ゆえか。練習中は、乗ろう乗ろうと考える。乗るという意識の強いほど乗っていても汗をかく。

ビクビクもので自転車にしがみついている時は、乗っているという意識のおかげで心から疲れてくる。

しかし、上手になって気軽に乗っているような時には乗っていることを知ってはいても、乗って運転をせねばならぬという心、乗ろうという強い意識は全く稀薄になっている。彼の肉体は車上にあっても、練習中と同様、同じ車上に肉体を動揺させながら、彼の心は全く乗ってはいない……に近い状態になる。

乗っている意識が極度に稀薄になり、さらに乗っている車を全く意識しない状態……ということはどういうことか。乗っている意識が極めて稀薄で、乗っているのかいないのか全く忘我の境にある時、人は車上にあるとも言いうるが、もはや彼の心は車上にない。彼自身はもはや乗っていないと言ってさしつかえないであろう。

彼は乗り物に乗っていてしかも、なお彼は乗り物に乗っていない……彼は当然疲れをおぼえるべき心を失っている。彼は乗り物に乗って、しかもその苦痛を知らない。彼は疲れを知らない。すなわち、疲れないというであろう。乗車に慣れている人間と同様、睡眠中の人間と赤子は船や汽車に酔うということがないといわれるのも、彼らには乗車しているという意識がないからである。

乗ろうとすれば苦しく、乗っていると思えば疲れ、何でもないと考えると何でもない。知らぬが仏とは子供のことだ」

とすると、乗り物の苦楽はその物理的な動揺が肉体に与える疲労の苦しみが、真実の事実として残り、それ以外の苦楽というものは心の持ち方一つによって発生するものにすぎないということになる。楽とか、楽しいというのは、乗車そのものから発生するのではない。すなわち乗車そのものは楽でも、楽しいのでもないという結論になる……。

だが、それにしても、現代の我々はやはり乗り物に乗らざるをえない。それが楽なものでも、楽しいものでないにしても……一定の距離を一定の時間に行く、一定の所に一定の物を、ある時間に運ぶというふうな時には車馬が必要になる。ただただ人間の足、人間の力によるよりは能力的であり利益があるから。

街に昼までに行ってこようとする時は車が楽である。木材を街まで運ぶには背中に担いでゆくよりトラックの方が能率的で得だという。そして自転車より、自動車が、自動車より汽車が、汽車より飛行機が楽だと考え、荷車より荷馬車が、荷馬車より貨物自動車の方が得だと考える。時限的、局所的にみると正にその通りともいえる。しかし苦とか楽とか、損とか得とかは、よほど慎重に考えねばならないものである。人力車に乗る者は楽であろう。しかし彼が楽な反面には車夫の苦がある。自分独りの足踏みで行けるように思う自転車も、その車体を作る職工や、タイヤの原料を採取するに要した南方土人の労苦も考えねば楽とはいえない。自動車、汽車しかりである。人々が便利だ、発達したと思う乗り物ほど、その製作には莫大な費用と労働がかけられていることを忘れてはならない。

そして巨大な機関には巨大な燃料が消費され、高速を誇る飛行機にはまた莫大なガソリンの消費が続けられているのである。

背で運ぶより荷車が、荷車で運ぶより貨物自動車は能率的かもしれない。しかし、背で薪を運ぶ道は小路でよいが、貨物自動車ともなれば、幅の広い立派な道もいる。その道を切り拓いた時の労力、常に路を護って働く工夫、鉄を、ゴムを、ガソリンを、石油を常に生産し補給している人らに、風雨を侵し、泥路に苦闘するトラックの運転手、煤煙の中に充血した眼で鉄路の前方を凝視する列車の運転手の労苦等々を計算に入れなければ、人間は損をしたのか、得をしたのか、楽になったのか、苦しくなるのか決定できないはずである。それのみではない。

早い話が、ここに事業家がいて、世界一周鉄道の建設を計画したとする。この時彼は、鉄道布設に要する権利の買収費、労働力として十億の民族を動員する必要性、また幾十億の資金、列車を走らせるまでの莫大な資材、経費、維持費等々、彼は綿密な計算を行うであろう。そして巨大な労力、長年月の時間、巨大な消耗等と一度開設された後、人類が受けるであろう素晴らしい恩恵、莫大な利益とを計りにかけて、間違いなくこの計画は人類の福利のために絶大な貢献をなすであろうと信じた時から、彼はこの計画に向かって驀進するに至る。

この計画の当不当を論ずる時、人々が忘れてならないのは人類の損得は全労働を計算せねばといったが……さらに正確にいえば、人々は全労働力と共に人々が得た苦楽、幸不幸の総量を計算せねばならないのである。ただ一人の事業家の経済的損得をもって、この事業が人類に幸福をもたらすものであるに違いないと単純に考えるところに、人類の救い難い錯誤の第一歩が踏み出されるのである。

この事業の経営が成り立つといっても、この事業のために使役される人々の全労働力が正確正当に評価されることはほとんど不可能のことであり、さらにこの事業が人類にとって幸福をもたらすものかどうかは、人々はもちろん考慮しているつもりではいるが、……全く批判されていないのである。何ゆえか。私はこの事業のために将来の人々がいかに重大な負担を背負わされるものであるかを説明しよう。

そのためにはその結果を批判するのが早道であろう。問題は「世界一周の鉄道をもった人間の世界が楽で楽しく幸福になれるのか。鉄道を知らなかった世界の人々が果たして苦しく不幸であったのか。いずれの世界の人が真に重大な負担を背負っているのか」である。

鉄道をもった人々は速度を得た、距離が短縮された楽である、便利である、仕事が能率化された、おもしろいことができる等々……という。彼らの世界はいかにも楽しく得をしているように思う。それは過去の人類との比較でもある。またそれは、遅速も意識せず、距離の観念もない鳥獣の世界と人間の世界との比較でもある。

これらの文明機関をつくり出した人類が幸福か。列車を運転することも、飛行機に乗ることも、知らない彼らの世界が幸福か。両者の比較をなしえてはじめて人類は得をしたか、損をしたのかが判明する。

人生の目的を、何によって幸福が人々の心に発生するのかを知りえない人々には、この比較は悲しいことに、なしえない。人々は大きな失念をしているのではないか。ちょうど列車に乗る楽を知ってはいても、列車を運転する人の苦は考えていなかったというふうな。ある人が一つの餅を食ったが、これはおいしくないと女房を叱った。しばらくしてまた一つの餅を食った彼は、非常においしいと言って女房をほめた。が、二つの餅は同時に作った餅であった。空腹には美味となり、腹の太い時は餅もまずい。

人類が便利な交通機関を得たと喜ぶ前に、人はこの便利な交通機関を必要とするに至った人間の不幸について想起せねばならない。

何ゆえ便利ということか、必要になったのか。何ゆえ楽とか能率的ということが人間にとって必要となったのか。便利ということはすでに不便があるということを意味している。

楽だというのは苦を味わってはじめていう言葉である。能率化を計らねばならないというに至ったことは、人間に重い仕事が課せられてきているということを意味する。能率化を計らねばならぬほど、なぜ人間の仕事が膨張せねばならなかったか。何ゆえ人間が苦を知らねばならなかったか。何ゆえ不便になったのか。

楽に仕事がはかどる。便利にと考えるより、かくせねばならなくなった不幸な原因こそ重大ではないか。その原因を除去してこそ真に人間は楽に、負担が軽減され、その仕事から解放されるであろう。

ところがその原因は何か、その出発点はどこにあるか、人々は何の考慮もしていないのである。人間が速い乗り物を欲するようになったのは、村の人らが自動車の疾走を見た時からである。時計というものを肌身につけて時間を気にしだした時からである。いわば、人間が遅速の観念を知ったその時からである。人間の歩みが遅いことが不幸なのではない。人間が速い乗り物を見たことが、人間の歩みの遅いことを不幸にしたのである。

乗り物は楽だという。乗り物が楽なのではない。車に乗って高速で走る人を見た時、人はその時計を見て焦燥を感じ、砂ぼこりの道を歩むことが、苦痛となったのである。

多量の荷物を街に運ぶということは、自然が人間に課したものではない。街に薪を運んで美しい衣服と交換したい、甘い菓子と換えたい……が重なって自らの背に重荷となって現れてきたにすぎない。

遠距離に速く荷物を運ばねばならぬ。仕事の能率化を計りたい。人間の仕事が増えた、膨張した。忙しい人は人間の欲望の拡大膨張に出発する。

時間の短縮、距離の短縮の必要性は人間が自ら好んで招いたことである。いかほど交通機関によって時間の短縮、距離の短縮が計られようが、人々の目的とする時間と距離の短縮は達成されるものではない。

今日は東、明日は西に交通機関を利用して、東奔西走する彼は時間と距離の短縮をなしえているように思うが、逆に昨日一日を争った彼は今日は一時間に焦燥し一秒を争わねばならなくなる。昨日十里の所に使した彼は今日はさらに百里、千里の道を遠しとせずして行かねばならなくなるであろう。

一つの国がいまだ小さな村から成り立っていた時は、村の人々は村の中で生まれ、村で死んでいった。彼の生活はすべて村で行われ、村の中ですまされた。歓楽を求めて人々が集合し、街をつくり、そして街から村へ広い道路が開通するとともに、街の話題はまたたくまに村から村へと浸透してゆき、村の人々もまた街へ街へと流れる所に走っていく。村と街との交通が繁くなり、交通機関の発達拡大とともに、村の物資は街へ、街の物資はまた村へ、かくして村と街とはもはや別個の生活を営まず、村は街に、街は村に依存し、彼らの生活は村から街へと拡大した生活へと移行せざるをえなくなる。

一つの街を知った人々はさらに次の街へ、遠くの大都会へも足を向けるようになる。交通機関の発達により北の国へ行きうることを知った人々は、また、南の国に行くことをあこがれるようにもなる。彼の旅が、最初は単なる夢から出発したとしても、またただ一時のもの好きから出発したとしても、彼の生活はやがて一つの街、一つの国、他の世界とも密接に結びついて、最初の遊山の旅は、必要な旅へ、仕事のための旅行へと進展してゆき、交通機関はもはや一時、一刻もゆるがせにしえない輸送機関へと変貌してゆくのである。

最初村から街へ列車の開通を祝賀した人々もさらに遠い街を、国を想うようになり、さらに美しい、珍しい物を得たい、さらに大きい世界に遊びたいとねがうようになれば、彼はさらに高速の列車を、さらに遠距離を飛ぶ飛行機を切望するようになり、最初の列車に対して不平、不満、愚痴を繰り返すようになるのである。

乗り物によって人が荷物が速く運ばれたと喜ぶのは一時のことである。距離が短縮されたと思うのはわずかの歳月である。時間と距離が短縮され、人間がその時間と距離から解放されたと信じるのは一時の錯覚でしかない。

時間を知り、遅速の観念を得た人間は、一時の時間のために一刻の遅速のために焦燥し、苦悩せねばならなくなり、距離が短縮され広範囲の世界に活躍しうることを喜んだ人間は、過大な仕事と多忙な労役に呻吟せねばならなくなるのである。

交通機関の発達よりも、人間の欲望の進展、発達はさらに速い。欲望のために交通機関が発達し、交通機関のために人間の欲望が刺激され、循環拡大して停止することを知らない。かくして人間の謳歌する文明が樹立されたが、砂塵を上げて疾走する自動車、風雨をついて爆走する列車、警笛を鳴らして突入する電車、轟音を発して飛び立つ飛行機。そしてその中にうごめく人間、運転する人、機関に油をさす人、泥路に鉄路につるはしを振る人々、また、これらの製作に従事する幾千幾万の人々、さらにまた地底深く炭鉱に働く人々、灼熱の熔鉱炉に汗を流す人、南の国、極北の地にゴムを、重油を採る人々、彼らの労苦の上に人類が得たものは何であったか。

いつの日か、果たして彼らが信ずる人間に時間と距離の短縮がもたらされるのであろうか。

交通機関は人間を時間と距離から解放しないで、人間に寸秒の時と空間を争う焦燥感をもたらし、また数百数千万里の苦役の旅に人間を引き出したにすぎない。人間はもはや文明という名の重い石を背負わされて身動きもできない。

人間の体が寸秒の間に万里を飛行しえても、すでに人間の心は飛行する自由の翼を失ったのである。

人間がどんなに速い飛行機に乗ろうと、ロケットや銃弾のようなものに乗って地球の外まで飛び交う時がきたとしても、人間の心が「速い」「楽な乗り物」を得て喜び、安まるときは永遠にこないのである。ただ人間に重大な負担を背負わせたにすぎぬ。人間が得たものは、ただ煩雑以外の何ものでもなかった。

人間は時空を超越せず、時空に拘束されて時空を失った。

人間は何ものも得たのではなかった。

病気

近ごろ無医村撲滅とか解消とかいわれて、医者のない村というのが各方面から問題とされている。医者のいない村、それは悲惨な、暗い、非文明的な不名誉な事柄として、一日も早く都市の医者が田舎に進出して村人を救い、農民が健康体を取り戻し、明るい生活を楽しみうるよう計るべきであるとして。

しかし「無医村」ということは果たして悲しい事柄であろうか……。

ある村で立派な避病舎が新築された時、その落成式にのぞんだ村の顔役が、開口一番「我が村は近村に誇るに足る広壮、広大な避病舎の落成をみたことはお互いご同慶に耐えない。今後本病舎の発展、盛況を望んでやまない」と言ったという話がある。

避病舎の発展、盛況は何を意味するのか。我々は病舎の落成を祝し、立派な設備の下で治療しうることを喜ぶ前に、病舎を建てねばならなくなった原因について悲しむべきではなかろうか。病舎の盛況、拡張よりは病舎の閑散、縮少こそ望ましい。とすれば村に医者がいないということも喜ぶべきことであり、悲しむべきことではないはずである。

だが普通は人々は病舎の拡充を、医者の盛況を祝福するのである。

都市には医学界の権威が群立し、村にはやぶ医者の一人もいない。一を文化的として喜び、一を非文化的として悲しむ。人類の原始の時代には医者もなく、何ら医療設備もなかった。それは人間にとって悲しむべきことであり、現在の最高度の医者に守られている人間が幸福のように信じて疑わない。

しかし我々の喜びは真実喜ぶべき喜びであり、我々の悲しみは果たして真に悲しむべき悲しみであるのだろうか。医学は真実、人間に何を与えたのであろうか。医者は人間の生命を救助し、保全し、そして人間に幸福をもたらしたというが……。

現今の文明国における医学の発達はまことに驚異に価するものがある。その生物的、化学的な甚だしい数にのぼる各種の薬剤、また物療的機械、器具の膨大な設備とその精巧極まる施設。人間を守るには、まことに至れり尽せりの完璧さを誇示する。

医者もまた各分科、各専門にわたって深淵、膨大な研究にあたり、その日々の高度かつ精密な新試験業績というものは続々集成し、山積している。

だが、その結果においてただ一つの奇怪な矛盾がある。それはどんなに医学が発達、進歩してもなお人間の病気というものは一向に減少の気配がなく、人間の寿命もいくらも延ばされていないという事実である。

病気を駆逐し、健康を獲得せよと絶叫しながら、日に月に新しい病気が次から次へと発生し、病気はますます複雑化、深刻化し、健康健康といわれながら健康はおろか、人間の体はますます弱体化の一途をたどっているかに見える。とすると医学は人間に何をなしえたか。医者のなしうる領域というものは何であったのか。

医学の設備によって人間の肉体が補強され、生命が保全されているとすると、医学の高度の発達は、いわば生命の強度の補強工作を意味する。だが高度の医学の援助にかかわらず、人間の寿命が、何ら補強工作をされなかった原始時代に比べて同一であったとすれば、また一向に病人も減少していないとすると、その矛盾は何を意味するか。

数々の病原菌が研究され防遏されたけれど、さらに多くの病原菌が次々と報告され増大してゆく。病気は次第に新しい方法で治療されながら、病人の数はますます増加してゆく。栄養、保健がやかましく叫ばれながら、肉体はますます弱体化しているという。奇怪な結果に対して人々は何の疑念を抱くでなく、何の抗議を医学に向けるでもない。

医学者らは、あるいは言うであろう。「我々が病原菌を増加させ、人間を弱体化させたのではない。病原菌の増加に対して我々はこれを駆逐することに努力し、弱体化を防止し、補強につとめている。我々のなしているのはただ単にそれだけである。病人が増加し、人間が弱化することは我々の責任ではない。我らの関知しないところである」と。彼らは彼らの努力による結果と、人間の上にもたらされた結果は、別個のものであるというわけである。

もし医者が、病原菌の増大と、病人の増加に対し何らの力もなく、責任もとらないというのであれば、医学の力の微弱、無能をそしられてもいたしかたがない。

と言うと、彼らは憤然として言うであろう。

「我々は日々病原菌を駆逐し、病気を治し、人間の健康を計っている。その方法は間違いなく、その結果は確実である。最後の目的である、人間世界から病気をなくして幸福な世界が出現できるであろう。その最終の目的に向かって、我々は確実な歩みを続けているのだ」と。

無菌、無病、保健ということが過去において不能でも、現在は努力されつつあり、未来は可能となるであろう。医学はかたく信じているのである。

だが、もし彼らの信じている確信が真実であり、その方法、方向が正当であるならば、当然病原菌は減少に向かい、病人は少なく、人間はますます健康に向かって漸進していかなければならない。彼らは現在の医学の不備、不完全をもって現在の矛盾をごまかそうとしているのだ。しかし彼らが期待し、自負するような結果が将来、達成されるのであろうか。その答えは「否」である。

何ゆえか。かつて老人はこう言った。「医学者達はその出発点において、すでに錯覚している。その手段もまた誤らざるをえない。彼らの努力は当然、徒労に終わるであろう」と。

その時の老人の話を、私は想起した。

「お医者様というのは、何をしているのかな」

「一口に言って病気を治す。病人をなくする。それが医学の目的でしょう」

「病気病気と言っているが、真に病気とはどんなことを言っているのかな」

「病気とは異常をいう」

「判っているようで判らない言葉だな、異常とは」

「異常というのは正常でないことですが」

「正常というのは」

「正常は異常の反対だが」

「異常と正常は相対的な言葉でしかない。お前の説明はちょうど盲人に白と黒の色を尋ねられて、白は黒くないもの、黒は白の反対だと答えているのと同様だ。それで盲人は納得できるかな。正常と異常は誰もが知っている言葉であり、また誰も知らない事柄でもある。病気は健康でない状態を指し、健康は病気でない状態を指すでは両方とも判ったようで、その実両方とも判っていない。

百万人の人間が目明きであるがゆえに、一人の盲人がおれば彼は異常であり、病体だというにすぎないのが一般に病気の常識的な定義のようだ。

しかし、百万人の人間に尻尾がないからとて、人間に尻尾がないのが正常で、いわば健全体であり、尻尾があれば異常で、病体だとは断言しえないはずである。

人々は病気病気と言うが、病気とは何であるかを真に把握しているわけではない。真の健康が何であるかを知らない。健康の実体が不明であって、病気の実体が判然するはずがないではないか」

「我々が知りうる健全とは病体の反対のものであり、病体はまた健全の反対のものを指すにすぎないとしても、別にこれの相対的な病体と健全以外に真の健全と病体があるということは……またたとえあるにしても、それは我々の常識的な病体と健全と大差のないものと考えられる。我々はこの常識的な病体を健全体にすることができれば満足できる」

「常識的に判断されている健、不健が、真の健、不健と大差ないと信じ、百万人の黄色人の中で一名の黒人が生まれれば、その黒色を黄色に治して間違いない、それで満足するといっているわけだが……」

「日本人は黄色、南洋人は黒色、西洋人は白色と見て大きな誤りはない」

「日本人が黒色になり、西洋人が赤色になれば、異常とし病体と診断する。日本人の健康体は丈五尺余、黒人は四尺、白人は六尺などと標準を決める」

「大過はないと思われる。日本人は黄色で、背丈いくら、体重、胸囲いくら、栄養状況等々を考察して健、不健を決定する。ともかく、各方面の科学的研究の結果作り上げられた健、不健の標準というものは、真の健、不健の実態と類似したものであり、また科学が進歩すればするほどその実態に接近し、終局においてその実態が把握されるものと信じられる」

「よって医学者らが決定する、人間の異常、病体、健、不健が、真実のものと類似すると信じる。そして、それから出発してあらゆる処置を講じていって大過はないと信じている……そこに人間の大過が出発する。科学者らの最大の錯誤があるのだ。


医学はその出発点において、ただ単なる仮定を基礎として出発しているのだ。その立脚点は不明瞭極まるものである。彼らはその自らの立場が漸次正確明瞭になるものと信じているが、過去においても、現在においても、またどんな将来においても、その立脚点は不明瞭に終わるべき運命にある。人間の立場から、人間がいかにあるべきかを知ることは許されない。

空中を飛ぶスズメは、スズメのことは自分が最も良く知っていると考え、地中に潜るモグラは、モグラのことは自分が最もよく知っているとうぬぼれている。しかし、スズメの立場を最も知らないのはスズメであり、モグラのことを最も知らないのはモグラ自身である。深海の底にすむ小魚が、自分の立場は自分が最もよく知っているというのは滑稽でしかない。

人間が、人間の立場を自分の手で知ることができると誤信しているのは、ちょうど井戸の中の蛙が、井戸をもって世界のすべてと誤信しているようなものなのだ。

しかも最大の不幸は、人間は人間の立場を知りえないにかかわらず、人間は人間の立場を知りうるものとうぬぼれて無謀の突進をすることにある。

人間は、人間の住処の内のことは知りうるかもしれない。ちょうど井戸の中の蛙が、井戸の王様とうぬぼれているように。しかし、人間の住処がどんな立場にあるのかは知りえない事柄なのだ。井戸の中の蛙が、他の世界はのぞきえないように。井戸の中の蛙が自分の立場を知らないで自己を診断すれば、必ずや恐ろしい誤ちを起こすであろう」

老人の言葉は真実のようでもある。

人間の寿命は百年が本当なのか、あるいは二百年、五百年が本当の姿なのか、はたまた五十年、二十年が本来の生命なのか、それは判らない。

瘦身、長軀の人間が真に不健なのか、肥満、短身の人間が真に健全なのか、確定することは無理かもしれないが、比較的長寿の人らを考察して、健康、不健康を決定すれば誤りないようにも見える。だが、それも人間の寿命が長いのが本当か、短いのが真実かが決定されていなければならぬことになる。結局最初のもの、まず何ものかが決定されていなければ、すべては相対的なものに終わり、転々浮動する運命にあるとも見られる。

人間の立場、出発点が判明し、健康、不健康が明確にならねばすべては瓦解する。人間は自らの立場を知ることが永遠にできないだろうか……。

私はつぶやいた。

「人間の知恵は無限に拡大する。自己の立場を知る時を、科学者は知るべく努力しているのだ……」

「賽はすでに投じられているのである。大石はすでに山頂から急速度で転落しつつある。東とすべきか、西とすべきかは山頂において決せられねばならなかった。転落途上の石が山頂へ反転するわけにもいかない。人間に与えられた自由はただわずかに右に左に転げる自由のみである」

「というと?」

「科学者もまたすでに転落途上の人間である。彼の目に映る人間は、すべてみな同じ方面に転落しつつある人間である。彼が研究の対象とする人間なるものは、すべて山の西側を転落しつつある同類でしかない。人間は、東側に立つ人間の姿はもはや見ることも、うかがうことも許されないのだ。科学者の研究対象とする人間が、すでに不完全であれば、その結果も不完全となるを免れえない。真実の人間の姿は、すでに人間の世界からは、うかがうことを許されない」

「人間はもはや人間の立場を知ることができぬ。真の人間を知ることはできぬ。人間はどんな姿が健康で、何が不健康かを決定する資格はないとしても、我々は探究せずにはいられない。人間が山の西側を転落しつつあるとするならば、それもやむをえない。その途上の幸福を祈るのみである。人間の真の姿が何であれ、我々は我々人間を愛し、この人間を研究し、その結果に従って行動するのみである。

たとえ井戸の中の蛙のそしりを招いても、井戸の中の蛙は、井戸の中において満足すればそれでよい。

人間が錯誤を犯すことがあっても、その錯誤は許されるであろう」

「人間は自己の真の姿を知らないがために生ずる錯誤を許すという。またその同類を研究の対象として得た結果をもって満足だという。しかし、出発的における錯誤は許されるであろうか。人間は彼らの世界において本当に満足することができるであろうか。

人々はそれはささいなことだと思っているのだが、出発点において右とした場合と左とした場合の結果は重大である。自己の立場が不明で、なお行動するということは、浮遊する氷の上に家を建てるのと同じことなのだ。不明瞭な基礎の上に明確な結果が生まれうるはずはない。

人間は、人間の真の健康、不健康は不明であっても、人間の信ずる健康、不健康で満足する。また大過はないと確信しているが、それは氷上に建てられた家に住んで自分らは満足であり、大過もないと信じているのに等しい。

井戸の中の蛙は行動しない。人間は自らの智恵を過信して行動する。同じ錯誤を犯しているにしても、人間は恐るべき結果に突入する危険がある。静止する盲人にケガはないが、行動する盲人には転落の危険がある」

「真の正常、異常は不明でも、科学者や医者らが信じる病体に対して治療のメスを加えることは、何ら危険でもなく、重大な錯誤を犯しているとも見えないが」

「人間の顔色が真実は黄色であったとした時、医者が人間の健全体の顔色は赤色であるとして投薬した時、人間は、真実は二百年生きうるべきものであった時、もし医者が人間の寿命は百年であると誤信して施療した場合、彼らが施した治療は何らの危険もないとはいえない。出発点が不明では舟が目的地に達するということは実際にはありえないのである。出発点がわからねば、方角はたたない。目的地の東にいるのか、西にいるのか、自己の立場を知らない人間が目的地は北であろうと信じていった場合は、人間はその目的地に漸次接近しているように思っていても、事実は遠ざかりつつあることとなる。

人間が正しいと信じている手段も、その方向が誤っている場合は、結果においてその手段は錯誤となる。

医者がある病原菌を発見する。そしてその病原菌を殺滅する。またある病気を治療した時、彼のとった手段は正しい。そして一つの病原菌は死滅し、一つの病気は撲滅されたものと信じるが、医学は自らの立場を、すなわち真の健康を知らないため、その方向を決定できない。したがって、その手段も盲人の手探り同様な徒労と終わり、人間の期待する目的地には到達できないであろう」

「その立場を知らず、その方向を誤っているという証拠は？」

「病原菌が減少せず、病人が少なくならず、人間が壮健になっているのでもないという結果から見ても明らかであろう。結果はむしろその反対であるとすると、彼らの立場や方向は過誤の道といわざるをえない。もし彼らの立場が、方向が正当であるならば、各種の病気への対策が確立されていくに従って、将来はこの地上から病人の姿はなくなり、医者もその必要性を失って減少するであろう」

「しかし、ある病気が減少したり絶滅されたことも事実であり、ある種の病人が全快したことも事実であるにかかわらず……」

「ある病害が絶滅された時、第二、第三の病害が発生し、ある病人が全治した時、第二、第三の病人が発生する」

「その原因は……責任は」

「原因は自然になく、責任は人間にある」

「人間が第二、第三の病因をつくり、病人を発生させるとは」

「人間は一面、病気の防止にあたってこれを治し、他面、病気の発生に尽力し、これをつくっている。その先頭に立つものは科学者であり、医者である」

「医者が病気を治し、またつくるとは」

「医者が病気を治すと考えるところに一つの錯誤がある」

「？……」

「医者は、人間という一つの建物を設計し建築する大工ではなくて、腐朽しはじめた建物にかけつけて、これを補強する修繕工にしかすぎないのだ。

屋根から雨が漏れ出したといってはボロ布を詰め込む。大黒柱が朽ちたといっては支え棒をする。床が落ちたといっては板を張る。

医者というものは、人間の病気にかかった部分を摘出して修繕するのが役目である。それ以上のものではない。彼らは朽ちかけた建物に補強工作する術は知っているが、腐朽の原因を考え、腐朽を防ぐということには無関心でいるのである。いわば真の原因については、何らの考慮も払わないでいるのだ」

「病気の原因についてはあらゆる角度からこれを探究し、その根元を取り除くように努力しているはずだが」

「彼らの言う原因は、真の原因とはなりえない。例えば、ここにその立場の分らない一本の立木がある。そしてその木は枝先が衰弱し、その葉は萎凋し黄変した時、人間はこの枯死しはじめた立木を回復させるためにいろいろな手段をとる。例えば、葉の萎凋は水分不足にあるとして、水を注射する。葉の黄変は栄養の欠乏だといって栄養剤を散布する。その結果、一時的にもせよ、葉が青々とした時、彼らは木を枯死から救った、その病気を治療することができたといって満足する。

しかしこの時、葉変、萎凋は根元の害虫に原因したのであったとしたら、彼らは重大な過ちを犯したことになるであろう。

不幸にも人間は、その目に映る世界のみを考察するにとどまり、目に見えない部分には常に気づかないで終わるのである。そして真の原因は常に人間の目に見えないところ、すなわち人間以外の立場に存在するのである。

何ゆえ人間は、真の原因については知ることができないのか。人間は人間以外の立場に立つことは許されない。井戸の中の蛙の立場は蛙には判らないで、むしろ人間の立場から蛙の立場は明らかになると同様、人間の立場は人間から考察することは許されない。人間が考察し、結果を引き出している人間の肉体というものは、真の人間の肉体ではない。だから彼らがその体の上に現れた異常を病気として研究する場合、その病気の真の原因というものについては、全く考察の対象となりえない世界の中に存在するのである。

人間が、肉体の上に現れた異常、すなわち病気の原因を肉体の中に見出そうとすることは、ちょうど葉の黄変、萎凋の原因を葉の中の水分不足に帰するのと同様である。葉の水分不足は原因でなく、根元の虫の食害に原因する結果であったと同様、医者が原因といっているものは真の原因ではなく、むしろ結果と称すべきものなのである。

人間のいう原因にはさらにその原因があり、さらにその原因にはまた原因がある。いくら追求していっても、原因の原因の種は尽きない。結局、人間は永久に最初の原因、すなわち真の原因にはめぐり合うことができなくて、いつも原因といっているものは単に一時的な一局所の結果にすぎない。そして、単なる結果をもって原因と断定する時から、人間は重大な過誤への道に突入するようになる。

ガラス瓶の中に入れられた金魚は、ガラスなるものを知らない時、ガラスに頭をぶつける。金魚は何と考えるであろうか。頭が痛い、頭痛がするというであろう。そして、頭痛の原因を探求し、脳の障害を考え、頭痛薬を飲む。頭痛が治った時、金魚は頭痛の原因を知ることができた、また治すことができたと得意になるであろう。しかし、それはガラスなるものを知るものから見れば滑稽でしかない。

人間が胃が痛いと、その原因は必ず胃の中にあるように思って胃を調べ、その原因が胃酸の分泌によることを知ると、胃酸の中和剤として重曹を服用する。一時的にもせよ胃痛が治ると、人間は満足する。だが胃病の真の原因は、胃を調べることによって判明するものではない。胃酸の分泌は胃痛の直接原因ともいえるが、胃酸の分泌は必ずその原因があるはずであるから、その原因から見る時は、胃酸分泌は原因でなく結果となる。だがその原因にも、またその原因と見られる現象の発生した原因があるはずである。このように調べていけば結局、最初の原因なるものは判明する時がない。何ゆえ胃痛が発生したかの真の原因は判らない。

しかし、人間は真の原因は判明しないままで、あれこれと治療的手段を肉体の上に講じてゆくのである。

それは家の建方を全く知らない修繕工が、家を修繕するのと同様である。

あの板、この板、とベタベタ張りつけている間に、家は全くみすぼらしいつぎはぎだらけの小屋へと転落する。医者があの手この手と人間の肉体を切りとりしている間に、肉体は極めて貧弱なものとなり果てる。

最後は、修繕も難しい奇怪な肉体へと弱体化してゆくのである。

だが、雨が漏らない限り家は修繕せられたと考えるように、人間は肉体の痛みが止まった時、病気が治ったと考えて、ますます医者の玩弄物となり果ててゆく。

人間の肉体が弱体化しているかいないかは、原始時代の人間と現今の人間の体力や寿命を調べるまでもない。医者の補強工作によってようやく百年の寿命を保つ現在の人間よりは、医者の助けも必要としないで同じく百年生きた昔の人らのほうが健全であったことは明白である。医学の発達した文明国人で医者の存在を必要とする人らほど、弱体化が甚だしいといわねばならないだろう。

人間が弱体化する過程は繰り返すまでもないが、第一に医者が真の原因を知らないために犯す誤ちに出発する。金魚鉢の金魚の頭痛の原因がガラスにあることを見ず頭痛薬を飲めば、その薬は無益なばかりでなく有害となる。

また真の原因を知らないと、医者が原因としているものは常に結果にすぎないから、医者の処置は常に局所的一時的に有効な糊塗法に終わり、かえってそのために真の原因から見た場合は、逆の療法となり、あるいはこれを潜行させることになる。甘い菓子を食したために胃病が起きたのに、胃病薬でこれを治せば真の原因……甘いものを食べたくなった原因……は放置されたことになる。近眼に眼鏡をかけても、近眼が治ったのではない。またその原因も放置されたままである。近眼となった原因を放置して眼鏡をかけた人間は、何らかの点において弱体化された人間であることに間違いはない。

肺病の原因は、肺病菌が真の原因ではない。肺病菌が寄生するに至った原因を放置して、肺病菌を殺す薬剤を服用すれば肺病は治ったにしても、肺病になるに至った原因は除去されているわけではないから、その肉体は真の根本健康体に帰っているわけではない。肺病菌に冒された肺を摘出して別の肺をさし入れると、肺病は治ったとしても、その肉体は弱体化されているに違いない。

弱体化した肉体というのは、各種の病気に対して抵抗性が低下しているということである。抵抗性がない肉体とは、過去にはほとんど感染力のなかった数多くの病原菌までもが、強く感染するようになった肉体である。病気に冒されやすい肉体は、健全な肉体よりも数多くの病気をもつ肉体といえる。換言すると、肉体が弱体化するに従って病気が多くなるといってさしつかえない。

現代人は激しい消耗生活のために、精神的にも肉体的にも弱体化した。そして数多くの病気を所有することとなった。さらにまた多数の医者が、人間の健康を守るのに必要となった。こう見る時、医者は人間の病気を治しながら、反面数多くの病気の発生を助長したことにもなる。これが医者が多くなり、病人が増加する原因である。

すなわち医者が病気を治すということは、人間の肉体の一部を修繕して、さらに不完全な弱体をつくることであり、弱体化によってさらに多くの病因発生の種を播き、人間の世界に医学が発達せねばならぬ必要性を拡大したということである。結論として人間が得たものは、ただ医学の発達、医者の繁栄のみである。

しかし世に医学の功罪を論じ、その功罪相なかばするのではないかと疑う者はあっても、医学を否定する者はいない。人々は「やはり医者は病気を治してくれる」と信じるのである。この世に医者の必要性がなくなる時代が来るということはないと考えながら、病気は治る、病人は減少するだろうと安心しているのである」

老人は長嘆息して言葉を切った。

医学が発達した発達したと喜んでいる間に、人間の影がますます薄くなっている。その原因も、結局は人間が病気の真の原因を発見しないで、ただ末梢の治療に狂奔しているからにほかならないとすると、……だが人間は真の原因を知る望みを捨てることができない……。

「人間が真の原因を知り、これを除去することは……」

しばらく老人は黙って答えなかった。そして、

「医者の所へ、近眼の患者が来た。医者は得意気に眼鏡というものを彼に与えた。彼はこれをか

けて驚喜した。しかし、彼が近視になった原因は、彼が医者になろうとして医学書を夜も昼も寝ずに乱読したからであった。

医学の発達を目指して勉強し、近視になったが、勉強のかいあって眼鏡を発見することができたと喜んでいるのが人間である。病気の原因はどこにあるか」

「眼の疲労……」と言いかけて私は訂正した「人間に」

老人は、

「甘い菓子を食って虫歯をつくり、医者が義歯を入れてやれば、なるほど虫歯は治る。もはや虫歯が痛むことはないから、以前に増してむやみに甘い菓子を食った。おかげで彼は胃病になる。ところが再び医者の所に行けば、医者は胃痛止薬をくれる。胃の痛む心配がなくなったと喜んで、今度は美食する。そのため、栄養不良で肺病になる。だが立派な設備の療養所があって、彼の肺病も全快する。恐ろしい病気のない彼は、再び街に行って酒色にふける。結局彼は、絶対の安息を必要とする時まで、医者とは手を切ることができない。彼の病気の原因は」

「人間の……そして欲心から出発する」

「欲心は、何から出発するのだ」

「?……」私は答えることができなかった。

老人は山の方を振り仰ぎ、暗い顔で独り言のように話しはじめた。

「昔……人間は、野に伏し、山に寝て、孤独な生活を楽しむ動物であった。そのころの彼らの肉体は、巌のように堅く太く、彼らの足は幾十里の山野をわたり歩いた。足の裏は革のように厚く、その腕力は猛獣を組み伏せ、その瞳は炯々と輝いて密林を透視し、その聴力は俊敏で、遠く梢に鳴く小鳥の声も聞き分けえた。彼らは木の実、葉の根を嚙んで、たくましく成長していた。しかし、人間が一度、迷夢の心を抱いて山を下りた時から、谷川の水で足を洗い、木を燃やして肉を煮ることを知り、堅い食を嫌って軟らかく甘いものを好むようになり、さらに美果、美食をあさり、暖衣を体にまとって、堅固な邸宅に住むようになった。その時から、人間の肉体の力は衰え、皮膚はあせ、顔色は青白く、手足は繊弱に、彼らの肉体は徐々にむしばまれていった。

食を獲るに、器具、術策を使って腕力は衰え、車馬に乗っては脚力衰え、食を煮沸して胃腸は弱く、風雪を避けて皮膚は弱くなりゆくのも当然であろう。灯火を得て都市に昼夜の別なく、酒色にふけって深夜に及び、乱舞に狂って朝に至る。酔眼朦朧として、いまだ覚めないのに、なお悪書を耽読する。街路の轟音、怒号、狂奔に、視覚は衰え、聴覚は乱れ、頭脳は狂う。人は名欲、利欲、色欲を追って、権謀術策、愛憎、羨視、羨望、地上を覆い、一つとして怪奇ならざるなく、一として醜ならざるものなく、一として乱ならざるものなし。

心気乱れて、肉体乱る。心健ならざれば、身体健なるを得ず。肉体の乱は、生活の乱に発し、生活の乱は、心の乱に発す。

心の乱はいづこより」老人はただ一言、

「肉体より……遠いか……」とぽつりと言って、再び口を閉じた。

その顔は苦悶に満ちている。人間の狂乱は、苦悩はどこから発生するのか。その根元は、はるか遠い人間の彼方にあるのであろうか。私は嘆息して言った。

「人間が本当に救助される時期は、無病の医者のいない世界の実現は、永遠に不可能な人間の錯覚にすぎなかったのか……」

と老人は「狐狸の世界だ」と事もなげに言い捨てて、スタスタ山の方へ帰って行った。

狐狸の世界……なるほど医者はいない……とすると……私は独りで笑った。

「遠い、そして近い」

虫

大根畑にうずくまっている、この村の精農家である彼の側へ私は近づいた。

彼は嘆息してつぶやいた。

「近ごろは大根一本が満足にできないが、どうしてこんなに病気や虫がつき出したのだろう」

昔の百姓は馬鹿でもできたが、今時の百姓は馬鹿ではできぬ、とは近ごろしばしば聞く百姓の声である。

事実、稲作一つやるにも、耕種、肥料、病虫害、気象等あらゆる科学的知識がなくては到底満足な収穫は得られない。一口にいって百姓は難しくなった。百姓も難しい。難しくなったということはそのままでよいことだろうか……。

実際に大根一本作るにも病や虫が増えたとすれば問題である。私も軽い疑惑をもってつぶやいた。

数多くの植物病理学者や昆虫学者が多年にわたって病気や虫の研究をして、その防除に尽力してきたにもかかわらず、虫や病の害がますます増加するとすれば、それは奇妙な事柄といわねばならない。

農作物の病害や虫害が深く研究されるに従って病気や虫が減少し、百姓も楽になったというのであれば話は判るが、反対にますます百姓が病気や害虫に悩まされるのでは馬鹿な話である。病虫害の防除に、絶滅にあらゆる方法が講じられながら、病虫害が増加するということは矛盾も甚だしい。

「一体、病虫害の絶滅ということは可能なのであろうか。昔から害虫は駆除されてきたろうが、太古の時代から虫が減ったという話は聞かない」

「憎まれっ子は世にはばかるの譬えの通り、いらぬ病虫害はますます世にはびこっているのではないか」

二人は顔を見合わせて笑ったが、私は笑い切れないままに心の中で反問してみる。

昆虫や病気の原因となる微生物の繁殖率は、極めて猛烈である。例えば稲の害虫、ウンカ等は年五回以上も発生し、しかも一回に数十、数百の卵を生む。一世代に二百産卵すると、五世代繰り返した終わりでは、一匹が実に三億六千万匹となる勘定である。まことに雲霞のごとしというが、実におびただしい数が発生するのも当然である。

メイチュウもそうである。ヨトウムシもまたそうである。さらに幾百幾千という種類の農作物を侵害する害虫がすべて猛烈な繁殖率をもつ。さらに害菌に至っては際限もない。

彼らを撲滅するという。しかし人智は無限である。研究の累積は不可能を可能にする。強力な化学薬剤を使用することにより、あるいは電気、電波、光線等、化学的物理的手段を講じることにより、これらの害虫の絶滅ということは必ずしも不可能ではないはずである。不可能と信じればこそ、一歩一歩人間はその方向に前進してきた。そして、その結果、彼らは絶滅への道をたどりつつあるであろうか。結果は必ずしもそうとは見えない。減少でなく増加とも見えるのは何ゆえか？　百姓の敵、害虫や病害は果たして絶滅させうるものか。……その時、いつの間にか、例の老人が側にいてこう言った。

「だいたい、害虫、害虫と言っているが、どの虫が害虫なのかな」

「もちろん農作物を害するのが害虫で……」

「どれ、どの虫が」

私は稲株の元にいる一匹の小さい蛾を指し示した。それはメイチュウであったが、その蛾はヒラリと飛び上がって逃げようとした。と、すーっと忍び寄った一匹のトンボが身をひるがえすと見る間に、このメイガをくわえて飛び去った。

瞬間のことであった。老人は微笑して言った。

「害虫を食ったトンボは、人間の味方で益虫というわけだな」

「益虫とか、害敵とかいう、天が百姓に与えた味方でしょう。百姓がこの益虫を保護し、彼らの力によって害虫を駆除するのは利口なやり方です」

ところが、この時また小さな出来事が老人の前で起こった。それは羽を休めようとして稲葉の上に止まったトンボを、そこに身をひそませていたカマキリが、無惨にも捕えたのである。

老人はカラカラと笑った。

「カマキリは害敵というわけか」

私はちょっと困った。カマキリは害虫を取ってくれる益虫であったはずである。彼は常々イナゴや葉巻虫を捕食している。

老人は私の方を向いて、なじるように言った。

「人間は地上の動物や昆虫を、お前は味方だ、お前は人間の敵だ、益虫だの、益鳥だの、害虫だ、害敵だのと区別する。しかし、人間のこの審判は確かに間違いのないことかな」

私は答える代わりにいろいろと考えをめぐらした。

一匹の小虫を食うトンボは益虫で、トンボを食うカマキリは害虫で、カマキリを食うモズは益鳥で、モズを襲うヘビは害獣で、ヘビをつつくタカは益鳥という。

しかし彼らが一様に人間の味方になろう、敵対しようと考えているであろうか。いや、彼らはただ生きんがために食物をとっているにすぎない。

稲の害虫、メイチュウを食うところのツバメは益鳥といわれるが、同じようにメイチュウを食ってくれるトンボをツバメが食うこともある。ヘビは益鳥を襲うこともあるが、また有害なネズミを捕えることもある。

老人の言うように一を益虫といい、一を害虫と決定するのは困難なことが多い。時と場合で反対になることも事実である。生物界の相互の関係というものが簡単なものでないのは事実だ。彼らはあまりにも複雑な関連をもっている。

益虫だの、害虫だのということも、よく考えると人間のご都合次第でどうにでも変わることだともいえる。それは生物界が相互に極めて複雑な連結を保っていることから見ても当然であろう。

例えば、生物界を微生物、動物、植物と大別してその関係を見ても、微生物は生きている植物や動物に寄生し、いわゆる病害の原因となることもある。また、これに腐生して彼らを腐敗分解して生存する。植物は、微生物がこうして腐敗分解してつくり出した成分を栄養元として摂取して成長する。動物は、こうして成長した植物をとって生存する。

動物は直接、間接に植物がなくては生存しえないが、植物は動物の死体を微生物に分解してもらって生存する。これら三者の間には密接不離の関係があって、孤立して生存しうるものは何もない。

さらにまたこれらの仲間同士でも類似の関係が繰り返されている。

例えば、微生物を大別して、ウイルス、細菌、酵母、糸状菌とすると、彼らがすべて他の動、植物に寄生するばかりでなく、彼らの仲間同士で、例えば細菌に寄生してこれを殺すウイルス、糸状菌を冒す細菌、また細菌を殺す糸状菌等々の営みがある。

また、ウイルスが無生物と生物の中間的なものとされている今日では、無生物と生物との区別も判然とはしなくなり、これら両者の間にも密接不可分の関係があることは間違いない。事実、無生物も微細な分析の結果は原子とか電子となり、彼らの世界にも生物界のような激しい分裂、結合、反発、共同等の作用が営まれている。とすると、この世のあらゆるもの、生物、無生物はいずれも密接不離の関係があり、微妙な均衡を保ちながら流転しているところの、一個の大きい生物体とも言いうるものである。

この巨大な、しかも複雑精密な生物体の一部を摘出して批評することの困難性を思う時、彼らを人間が独断で用、不用、有害、無害と区別することは、いかにも無謀であり、危険であるようにも思われる。

しかし人間、学者らは、この仕事に向かって真剣な努力を加えつつあるのである。

私は言った「人間は自然界の動、植物の相互関係を調節することになる」

「秋、穀物をついばむがゆえに害虫害虫と呼ばれるスズメも、春先は稲の害虫、メイチュウらをつついて食ってくれるがゆえに益鳥か。春は益鳥で、秋は害鳥という。人間が調節するというのは、春はスズメを保護繁殖させておいて、秋は焼鳥にして食うというわけか」

「……」

「調節する……地上に棲む幾万、幾十万種の生物を、幾千万、幾億、いや、天文学的数字にのぼる数々の生物を、自由自在に百姓が調節するということか」

「ある場合、ある程度の調節は、そして農作物の被害を軽減するということはできると考えられる。害虫の生物学的防除というのがそれであって、有力な天敵を探し出して保護し、天敵の力によって害虫を駆除するということは、すでにある程度実施し、また成功している」

「それは極めて近視眼的な結論でしかないのではないか。時と場合を拡大し、大きい目で地上を見てみるがよい。果たして誰が善人で、誰が悪人か。

地上の生物というものは、みな食物を食って生きている。彼らは食いつ食われつ、極めて密接な関連を保ちつつ生きている。一種として他の生物と独立分離した生命を維持しえている生命はない。

大所から見れば、有用無用を弁ずることのできない生物界から一匹の虫を捕えて、これは害虫である、益虫であると正邪善悪を判定して、一を助け、一を殺す。

もし仮に一種の害虫を、ある益虫をそそのかして絶滅させたとすると、その結果はどうなのか。益虫も害虫を食い尽くした時は、自らの食物を失ったことになり、自滅のほかはない。一種の害虫の絶命は、これを食物とする益虫の絶滅を意味する。またこの益虫の絶滅は、この益虫を食う第三の虫の絶滅を誘発する。そしてまた、さらに次の第四の虫の絶滅を、次から次へ、結局最初の一種の昆虫の絶滅は、地上のあらゆる食虫動物の全滅を惹起するかもしれない。少なくとも何らかの影響を全生物界に与えていることは間違いない」

「もし、あらゆる虫が単食性のものであり、一種の虫しか食べないとすると、そのようなことにもなりかねない。トンボはメイチュウばかりを食い、カマキリはトンボばかりを食い、モズはカマキリばかりを食う生物であるとすると。しかし、彼らの食生活も簡単ではない。一種の虫の絶滅が他の虫の絶滅を惹起するなどとは考えられない」

「単食性でなければ影響はさらに複雑化する。一種の虫、一匹の虫の生死はただ一匹の虫の生死で終わらない。その波及し影響するところは極めて広く、重大であるのだが、人々はそれを考えているのであろうか。また、それを知りえてなおかつ絶滅を計っているのだろうか。人間はその結果に何ほどの責任を感じているだろうか。ちょうどここで落葉を集めて焚火する。人々はその火が消えた時、何事でもなかったと思う。しかしそれはその煙、光、熱、の本当の行方というものを何も考えず、知らないがためである。真実、焚火は何事でもなかったであろうか。

一害虫の駆除も考えてみれば簡単なものではない。私は稲の害虫、メイガの卵を殺す場合を想起した。メイチュウを殺すのに殺虫剤として硫酸ニコチンを使用したとすると、多くの場合メイチュウの中には赤卵蜂だとか黒卵蜂等と呼ばれる極めて小さい有益なハチの一種が寄生しているが、彼らをも同時に殺すことにもなる。

厄介なことにこの有益な寄生蜂にも敵があり、このハチに寄生する。これにはまた微細な寄生蜂がいる。ところが、まだそれのみでない。この悪戯者の寄生蜂に寄生する第三の寄生蜂がいる。将来はさらに第四次、第五次と次々に発見されることは、現在確実である。ともかく、かくも敵、味方が入り乱れて共存と争闘の生活をしている世界に人間が足を踏み入れてどう処理し、解決しうるであろうか。誰を助け、いずれを殺すのがよいか、実際問題となるとなかなか困難なことは間違いない。

それのみではない。これらの虫は細菌や糸状菌等の微生物の寄生をうけて病気になることも多い。害虫を倒す益菌、益虫を殺す害菌、さらにこの菌類に寄生する第二次の寄生菌、第三次の菌類等々が一つのメイチュウを中心に全く入り乱れて極めて複雑怪奇な争闘と共同の生活を営んでいるのである。深く考察し、深く考慮する時は、全く下手に人間が手を下すことはできなくなるというのが真実なのである。

一つの害虫の卵に、一つのバイ菌に、薬剤を散布するということですら、この薬がこの広いかつ微細な世界にどんな影響を及ぼすかということを熟慮すれば、むしろ拱手傍観せざるをえなくなるというのが事実であろう。

例えば、稲の葉に病斑をつくる稲熱病の予防には銅剤の散布が最も効果的だといわれ、また現在行われつつあるが、これも厳密にいえば疑念はある。

稲熱病菌という一生物に有効に作用する薬剤はまた、一生物、稲の葉にも同様な作用を及ぼし、すなわち薬害作用として現れてくるのを不問にするわけにはいかない。また、稲熱病原菌に寄生する細菌の存在はすでに明らかであるが、この細菌にはこの薬剤はいかに作用したか、さらにこの細菌にまたウイルスが寄生するということにもなれば、薬剤散布の是非は容易に決断されないはずである。さらに葉に散布した薬剤は流れて地中に入り根に作用し、地中の微生物にも何らかの作用を及ぼすのは間違いがない……。

土壌中の微生物というと、また問題は拡大する。肥沃な土地の中には実に何億という莫大な数の微生物、すなわちウイルス細菌、糸状菌等が生存している。しかも彼らも土壌や作物に対する作用から、有益菌だとか有害菌だとかの区別がつけられているのであるが、彼らの世界にこの薬剤が侵入した時、どんな波乱が惹起されるか。

もちろん、このようなところまでの研究はなされていない、というのであろう。しかも現在、稲熱病に対して薬剤の散布が奨励され、また実行されているというのは正しいことだろうか。目先の結果は明白である、だが最後の結果は不明である」

私は嘆息して言った。

「ただある時、ある場合、人間に不利な害虫をある程度排除しておいて、ある期間収穫物の減損を防止することをもって満足しているのが現状である。人間はそれ以上は考えていない。一つの田んぼに薬剤を散布する。そして虫を忌避させる。あるいは死滅させる。あるいは一地区一国からその虫を絶滅させる」

「ある時、場所において一害虫を駆除するということは可能かもしれない。しかし、問題はそれによって、本当に作物が虫の害から免れることができ、地上の人間の収穫物が増加し、その方法を重ね進めるに従って百姓が楽になると考えるという点において、間違いがないか否かである」

「虫を駆除すれば虫が減じ、食糧は豊かになり、百姓は楽になると考えるに無理はないでしょう」

「否、と言わざるをえない」

「それはまた何ゆえに」

「人間は虫の減少を計って虫の増加を来し、収穫の多きを望んで多くを失う。百姓の労苦は増大こそすれ、減少することはない……。

彼らは原因を除去することを忘れているのだ。害虫の発生する原因について何らの考慮も払っていない」

「それはまた奇怪な。害虫の発生する原因については、直接的、間接的に、その原因、素因、遠因について充分考察し、研究している。そしてその原因を根絶することに努力しているわけだが」

「本当の原因を。人間の言っている原因というのは本当に原因なのかな。人間の探究しているという原因は、本当の原因になりうるであろうか……人間は、何をやっているのだろう……」

老人は、突然話を換えて話しはじめた。

「ある国に、大海の水を干そうとする人々がいた。彼らは大海の水を干すには、海水の減少を計ればよいと考える。それは全く間違いのない、正しいことだと信じていた。

この国の人々は、まず手をもって海水をすくい出した。しかしその効果の薄いのを知ると、ひしゃくをもって海水を汲み出しはじめた。だが、なお前途のほど遠いことを知って、ポンプをもって海水の汲み出しにかかった。

だが、大海の水はちょっとも減るように見えない。不審に思ってその原因を探究してみた。彼らはこの大海には周囲からいくつかの河川の水が注がれているのに気がついた。驚いた人々は、それではと河川の水を堰止めることに努力した。そしてこれで大海の水も干上がるであろうと、安心したのであった。

ところが、大海の水は何年何月汲み出してみてもやはり、一向に減少しない。しかし、彼らの、一斗の水を汲み出せば一斗の水が、一石の水を汲み出せば一石の水が減少することは確実だとの信念は揺るがない。

一匹の害虫を殺せば一匹が、百匹を殺せば百匹が減少すると信じているのと同様に……。

しかし、彼らは海水が減少しないという原因について、害虫が減少しないという原因について、一つの大きな錯誤を犯しているのである。

彼らは大海に降り注ぐ雨について考慮することを、うかつにも忘れていた……」

私は言葉をはさんだ。「しかし、彼らも原因をさらに深く探究するに従って降雨にも気づき、またこの対策も解決してゆくであろうと思われるが、また一害虫発生の原因について、ある時代にはその充分な原因を知りえないかもしれないが、研究の進展と共に原因の全貌というものが明白にされるはずである」

と老人は、

「大海の水を汲み出す出さないにかかわらず、水は減少しない。その原因の全貌について人間が知りうることができるということが、事実可能なことであろうか。

減少した海水は河川の水によって、あるいは降雨によってただちに充当されるということが判明した時、人々はさらに河川の水はどこから、降雨はいかにして生じたものかを知る必要に迫られ、またその原因を探究することによって、その原因を知りうるのであろう。そして雨は雲から、雲は南の砂漠の空に、あるいは北の氷山の空に発生したなどというふうなことが判明したとする。

しかし、この原因には、なおまた根本になる原因がある。原因を知り、さらにまた、その原因を究め、原因の原因を次から次へと探究して行く時、人は果たして真に最初の原因というものに巡り合うことができるであろうか。

原因の原因を探しくたびれた人間は、ようやく結論としてこんなことをつぶやくものだ。「大海に降る雨は、自分らが海水を汲み出して砂漠に灌漑用水として利用した。ところがその水が蒸発して雲となり、集まって雨となり、そして大海に降り注いだのであった」などと。

海水を汲んだことに原因した。彼らは片手で水を汲み、片手で水を注いだのである。彼らの努力は無益な徒労に終わる。彼らが、額に汗して大馬力で水を汲めば汲むほど、河川の水は渦を巻いて流れ込み、強雨となって降り注ぐ。人間の努力は大海の水を汲む愚人とともに、永遠の徒労となるべき運命にあったのだ。

人間の害虫防除も、人間が虫の殺滅に努力すればするほど、さらに強力な反発を虫は示してくる。人間が一地域から一国から虫を遮断した時、さらに別の大群がこの囲みに対して強圧を加えてくる。人間の努力が激しくなるに従って虫もまた激しく押し寄せてくるものだ。

そもそも人間が、この地上の生物界の諸相を観察して、彼らの食生活をもって弱肉強食の世界であり、栄枯盛衰の修羅場であると見るところに間違いの元がある。

形の上においてはまさにそうとも見える。しかし、自然界の本質はまた換言すれば、静かな共存共栄の姿でもある。

一が栄え、一が衰える。見れば一波乱のようにも見えるが、栄えるべきは栄える原因があって栄え、衰えるべきは衰える原因があって衰える。ただ河川の水の低い所に赴くように、その途中、奔流となり、また深淵に漂うことがあっても、それは時限的、局所的の一波乱、一曲折にすぎない。水は動といえば動、静といえば静、急湍を下るも深淵に漂うも水は水、不変である。

人、自然の変転、流動を見て、自然の不変、不動であることに気づかない。

人はいたずらに激流に逆らって事をかまえ、深淵に竿さして焦慮する。

人が虫の発生を防止しようとすれば、まずその根元を絶つことを考える。その原因を探究し、その禍根を摘出することによって、その発生を未然に防止しうるに至るからと。まことにしかりである。しかしながら、人の探究するという原因は真の原因でありえたか。人が知りえたと信じている原因には、必ずやそれ以前の原因があった。すなわち原因にはそのまた原因があり、その原因にはさらに遠い所に深い原因があった。

いわば我々の信じる原因は常に一つの原因でなく、一つの結果でしかなかったということである。一つの結果をもって原因と誤信していた。

結果を摘出していてその原因を剪除したと信じていたのである。大木を枯死させるのに根元を切り倒したつもりで、なお子葉末梢のみを剪除しているのと同様である。

さらにまた人の信じる結果というものも、いわば自然の流転の途上における一つの原因でしかない。

一害虫が発生した。人はその真の原因を知ることはできない。また一害虫の発生が負う使命、すなわち最終の結果についても人はうかがうことを許されない。どこから来てどこに去り、何がゆえに発生し、どんな結果になりゆくものか、人は知ることなくただただ眼前の事柄に一喜一憂しているにすぎないのである。

原因の何であるかを知らず、結果の何であるかも知ることなく、しかも人々は原因と断じ、結果を論ずる。そこに、人間の無益な徒労が出発する。

そもそも作物に波乱があり、病虫害を波乱と見たのが、すでに一つの錯誤である。波乱と信じて、防遏にやっきになる。彼は静かな湖面に我が影を映し、湖面に動くものありと信じて竿をさして、これを捉えようとする。湖水の面はさらに動き、我が映された姿はさらに動揺する。彼がやっきになって捉えようとすればするほど、彼の竿によって湖面は波乱を生じ、波乱は波乱を生み、拡大進展して停止することがない。

静寂の自然に波乱を起こすものはただ人間であり、平和の世界を攪乱するものは人間である」

「自然は天の法則に従って動き、摂理によって守られ、美しい調和を保って進行する完全なものとすれば、人間の努力は無用のことかもしれない。また、徒労に終わることかもしれないとしても……。

しかし、顔前に猛威をふるう害敵に対して我々は、拱手傍観することはできない。人間が彼らを亡ぼさねば、彼らが人を亡ぼすであろう。害敵生ずべきをもって生じたるをもって人これを許せ、天命人を苦しめるならば、人これを甘受せよと言われるか。

我々は、天に逆らっても自然の害敵を亡ぼさずにはおられない。我々は自然の支配を受けるより、むしろ自然を支配することを欲している」

「人間の本性を暴露したその言葉はまことにそうとも言える。しかし、しょせん蟷螂の斧、天につばする譬えの通りじゃ。害敵害敵というが、害敵は外にあって外にない。

害敵は内より発して外より帰る。盗人は我が子じゃ。害敵の生みの親は人間にあることにいまだ気がつかぬか。害敵を真に亡ぼそうとすれば、我が身を亡ぼさねばならぬ。害敵を亡ぼす勇気があれば、まず我が身を焼け」

「害敵は内より発して外より帰る、とは……」

「害敵をつくり、害敵を増加させた種子は人間が播いているというわけじゃ。病虫害の種子を播いたのは人間である。例えば、この大根じゃ」

「この大根にさえ、近ごろ病虫害が多いということは」

「病気や虫の罪をせめる前に、大根に罪はないか。大根を作る人間に、昔より、病虫害が増えたという事実は、今の大根が、昔の大根でありえなかったことを意味している」

「大根も太古の時代から考えると、長年月にわたっていろいろと人為的に淘汰を受けて次第に優良品種となっていることは間違いない。すなわち、根が大きくて、やわらかで、収穫が多くて、おいしいものと……」

「太くてやわらかでおいしいものが優良で、堅くて細くて苦いものが劣等というわけか。優劣を大根に聞けばどう言うか?

色が白い甘いものは近代人にもてるかもしれないが、病や虫に冒されやすくはないか。色が黒くて苦くても体が丈夫で虫気がなければ、自然の世界では男前ということにはならぬか」

「優良品種というものは大根に限らず、農作物では一般に弱体化している品種と見られないでもない」

「人間の改造は大根には迷惑なことであろう。腰から下ばかり太らされた大根は、大根からいえば奇形である。すなわち病体ではないか。人間も知恵ばかりあればよいというので、頭ばかり太い人間がつくられたらどうなるか。病気だと人はいうだろう。体の弱いものに虫や病気のつきやすいのは当然だろう」

「葉ばかり太くなった白菜、根ばかり太らされたサツマイモ、茎ばかりが太くなったジャガイモはすべて奇形といえば奇形である。異常はすべて病体であるという定義に従えば、すべての農作物は奇形であり、病体とも言いうる。しかし、また一方、品種の改良を計る場合、農学者は優良多収ということとともに病虫害に強い、いわゆる耐病性ということを考えて淘汰選抜を行っているが」

「人間のいう優良と強いということは、根本的に相反したことではないであろうか。おいしいものは弱く、多収穫の品種は耐病性が弱い。人間が多収、美味を望めば望むほど、作物自体は奇形の度合がひどくなる。奇形の度合が甚だしくなればそれだけ弱体化する。

もちろん、人々は病虫害に強い品種ということも考えているであろう。そしてある場合には、耐病性が強く、しかも多収というもののもつくり出すであろう。

しかし、大きい目で見れば、それもある種の病虫害に対する耐病性にしかすぎず、一時的な紆余曲折に終わるであろう。

あらゆる病害虫に強く、あらゆる環境に対して抵抗性があり、あらゆる時と場合においても完全に優良というものはありえない。

ある種の病虫害に強く、ある作り方で多収である……などと言いうるのが普通であろう。

根本的に見て改良ということがすでに人間の欲望から出発したことであり、ある種の目的をもって改良する。いわば、ある種の人間に都合のよい奇形を作物に与えようとすることが改良ということになるのだから、どこまでいっても大根は奇形を免れない。その奇形化、弱体化の欠点は何らかの形で現れるであろう。その摂理の一つとして現れたものが病気であり、虫である。

人間に完全ということは、常に不可能である。常にある条件の下で試験するがゆえに、どんな結論も、ある時と場合には本当であると言いうるにすぎないのが科学である……」

「完全な意味で優良ということは不可能にしても、ある程度耐病性が強く、多収、美味の作物を得れば我々は満足する」

「ある程度程度と言っている間に大根は似ても似つかない奇形大根になっている。人間の欲望は停止や後退はしない。常に進展、拡大する。親父は苦い大根を食って満足していても、息子は甘い大根を作り、その孫はさらに甘い大根を欲するようになる。大根から見れば大根はますます奇形になるばかりであろう」

「大根はますます弱体化し、ますます環境に対する抵抗性が低下し、病虫害の被害も多くなるわけで」

病虫害の被害の増大は人間に責任がある。虫に発生の原因があるのでなく、人間にその原因があるのでないか、私は振り返ってみた。

「人間は同一の場所に居住し、自然に反して同じ田んぼから毎年同じ作物を作り、より多くよりおいしい作物を得ようとしているのだ。もちろん栽培方法も改善はされた。しかし、結局その方向は粗放から集約へ、簡単から複雑へ、低度から高度へ、露地から温床、温室作物へと考えてみると、つまるところ作物の弱体化は免れそうもない。

冬の寒中にスイカを欲しがり、早春すでにキュウリを、ナスを作るのが進んだ百姓とすれば、健全な作物ができるはずもないともいえる。

結局、病虫害発生の鍵は人間が握るのか。一方では病虫の駆除に努力し、他方では病虫害の発生を助長する作物の弱体化を好んでやっているわけである。

欲望の赴くところ、漸次その弱体化は免れず、病虫害の被害も多くなる。欲望は際限なく拡大し、病虫害の被害はまた無限に深刻化する。またそれに従って病虫害の研究も無限に発達進展していかねばならない……。

老人は口を入れて、

「人間が病気をつくる。その病を人間が研究する。研究して治せば、人間はまた欲を出して新しい病気を発生させる。それをまた研究する。グルグルと堂々巡りして果てしがない。

病虫害の防除も、人間の欲望を助長拡大するがための労苦である。この苦労の消滅は、すなわち病虫害の減少消滅は、結局人間の欲望の消滅によらざるをえない。

病虫害防除の研究によって病虫害が絶滅するなどと考えるのは、本末を顛倒し、木によって魚を求める類である。

先行するのは人間の欲望であり、病虫である。研究は後から行くものにすぎない。研究者が病虫害に先行することはできない。

人々は病虫害の発生原因が病虫害にあり、病虫害の研究者が彼らの発生を防止し、あるいは彼らの確実な防除法を案出してくれるものと信じているところに、人間の悲劇がある。

彼らは病虫害の拡大、深刻化への援助者ではあるが、病虫害の絶滅者とはなりえない。彼らは百姓の敵でこそあれ、味方とはなりえない立場にあるのだ。

しかも人々は、彼らを救援者として讃賞する。百姓の負担を軽減してくれるものと信じて農学者を尊敬し、その肩に彼らを背負うのである。この農学者らは、百姓の頭のハエを追い払ってくれるものと信じて。

期待通り彼らは百姓に「君らの周囲には、君らの知らない各種、各様のハエが、アリが、害虫がいるよ」と注意してくれる。そしてこれらの農学者は丹念に一匹のハエや蚊を捕まえてきて、彼らはどこから発生したのか、どんなに繁殖するものであるかなどを、これは興味ある問題だといって研究する。ある学者は一匹のノミについて、その一生を費やして研究した。ある種の蚊については長年月の研究が継続された。

科学者を背負っている百姓らは、時々不平を言うこともある。早く何とかならぬかなどと。しかし、多くの世間の人々は、この科学者らの努力に対して深甚な敬意を表すのである。彼らは人類のためにやがて偉大な貢献をなすであろうと。そして彼らが、時々ハエの目玉の構造を精密に研究して報告したり、その繁殖率がいかに猛烈であるかを発表したり、あるいは蚊を見事に殺す薬剤を発見した時には、やんやの拍手を送るのである。

百姓らもそのつど、やがては自分らの負担が軽減されるだろうと、慰められるのである。

しかし、百姓らの負担が次第に軽減されるものであろうか。最初一人の学者を背負った百姓は、この仕事は独りでするにはあまりにも重大で膨大だとの理由で二人の学者を背負うこととなる。さらに三人、四人と増加する。彼らの研究が進むにつれてさらに深い研究が必要だということになり、研究者は幾百幾千の人へと増加し、その研究室もますます拡大し増加してゆく。やがて幾千幾万の科学者達とさらに多数のその助手、雇人と、膨大な科学施設ができ、広大な研究室が設置されてゆく。そして、彼らの業績として次々に部厚い論文が発表され、貴重な文献として大学の図書館の書架に積み重ねられてゆくのである。

だが、いったい百姓はどうなっているのだ。

農学が盛んになってから幾十年後の今日、なお彼らの周囲からは一匹の虫も減じたようには見えない。稲の病虫害の一種類も、大根の虫の一種類も消滅してはいない。減少するどころではない。昆虫学者は年々、毎月、毎日、新しい害虫の発生を報告する。病理学者は、日々に新種の病害の発見を報告する。今では幾万、幾十万の病虫害の種類が列記され、得々と発表される。しかもそのつど百姓は戦々恐々とせねばならない。

最初、百姓らは昆虫学者の手によって、彼らの作物を荒す幾匹かの害虫が減少され、いくつかの種類が絶滅されて、彼らの負担が軽くなるものと信じたのに反して、その結果、事実は、彼らの周囲には以前にも増しておびただしい数の種類の害虫が発生し、その防除に多忙を極め、また彼らではもはや手の下しようもない厄介な病害の発生にも悩まされるに至る。

今ではもういやでも応でも、彼ら農学者の救助の手に頭を下げて懇願せざるをえなくなっている。彼らの負担は、ますます倍加される一方である。しかも百姓は「自然にこうなったのであるから仕方がない。悪い害虫が、難しい病害が発生したものだ」と嘆息するのみである。

昔は細菌性病害だとか、ウイルスだとかそんなことは知らなかったのに、また知らなくても百姓はできたのに、百姓も難しくなった。馬鹿ではできぬ、忙しくなった……と言う。そして何の疑念もない。当然こうなるべきものだろうと信じて、あきらめているのである」

老人の話に私は了解することができた。

農学盛んにして、百姓はますます多忙になり、昆虫学者多くして、百姓は虫の駆除にますます忙殺される。害虫は自然に生ぜず、人これを助長するとすれば、百尺竿頭一歩を進め……私は老人に向かった。

「無為、無手段にして、人なお食物を得、生存を全うしうるや。自然のままに放置してカビ菌、害虫充満し……」

「地球上を覆い尽くすことはない」

「カビ菌の絶滅を計って」

「地球上全部を殺菌して、無菌にするというわけにもゆくまい。殺菌剤なくして、山野の空気清澄、消毒殺菌に寧日なくして、都市の空気汚濁する。病院の完備が誇りになるか。

山野の草木に病害ありて、病害なく、
農家の田んぼに病害なくして、病害あり。

地上には本来病害も虫害もない、というのが本当じゃ。禽獣魚虫、食あるがゆえに、地上に生を得る。人またしかり。食ありて生じたるは、天命なり。安んじていては食えぬ、などという理由はない」

「人、無欲なれば生きることはいとやすく、より多く求むれば労多く、甘いものを食えば病や虫は避けられない」

「より多く求むれば、苦労も多いが、苦労すれば多くを得られる、甘いものが食えるなどと考えるのがそもそもの間違いの元じゃ。

南海の孤島に土民はリン石を掘り、酷熱の地に汗して鉱油を汲み、あるいは湿熱の密林に薬草を採り集め、運び込んで、我が国の農民これを田に施す。田は肥え、米が多く実るのは当然であるが、内に腹鼓を打ち、飽食に歌う者ある時は、外に飢餓苦役に泣く囚人、土民があることを思え」

「地球上においては、増減も損得もないというわけで」

「甘いものを食えば病や虫が増え、病や虫を駆除すれば甘いものが食べられると思うところに錯誤がある。虫は増えるが、うまいものは食ってはおらぬ。

本来、食は食にありて食になし。禽獣魚虫、食乏しきがごとくして、その身は健全。人その食、豊にして、その身不健全。健、不健、食にありて、食になし。味の美味、不味、もとより食にありて、食になし。食の甘苦は、食にありて、食になく、人より発して、人に帰る。

神代の人、空腹をかかえて食はまずく、現代の人、食美味にして歌うと思うは、世人のひとりよがりにしかすぎぬ。

原人農耕の法を知らず。悪食してなお腹満ち、鼓腹して歌う。世人、農耕の法発達して、美食して、なお人みな不平不満なり。甘きを求め、美食して得たるもの何ぞ。

一言もっていえば、ただただ煩雑なる労役、人の得たるものは、おびただしい数の農学者と、おびただしい種類の病虫害、それ以外の何ものを得たのでもない。

百姓は救われぬというわけじゃ」

私は老人の破顔に答えた。

「虫ありてまたおもしろく、病ありてまた反省す。

百年農作して、農作百年同じからず。また楽しからずやか……」

愛憎

私は静かな池の堤に腰を下ろして、見るともなく池の面を眺めていた。ブーンと飛び回るかすかな虫の羽音、時々水面に魚のはねる音以外には何の動きもない静寂の世界の中に私は没入していた。するど突然、にわかに忙しい騒音、ただならぬ気配、堤の日向に昼寝していたであろう数匹のカエルが慌てて水中に飛び込んだと同時に、ギャーと一声断末魔の悲鳴が起こった。

見ると草むらから這い出した一匹のヘビが鎌首を上げ、一匹のカエルを横ぐわえにしてギラギラと目を光らせている。カエルは四肢をもがいて、見るに耐えない無惨な姿である。

我になく急いで立ち上った私は、そばの石をつかむなり、ヘビを目がけて投げつけた。一瞬サッと身構えて私を見たヘビは、うらめし気な顔をしてノロノロと草むらの中へ消えていった。

激しい心の動揺を押し沈めようとして、私は水面を逃げて足下のなぎさに憩うカエルらを見下ろした。

すると、何ということであろう。カエルらの目は青空を見上げてケロリとした顔である。一瞬前に友達の上に、また自分の上に襲いかかった恐怖の悲惨事などは、全く念頭にない顔である。何か遠い昔に起こった事柄でも思い出しているような……そしてもう次には一回顔をツルリとなぜると、何でもなかったという風情でゴソゴソとはいはじめていた。

私は何事をなしたのであろう。

私は憤怒の情にかられて、一石をヘビに投げた。しかし私は何事をなしたのであろうか……私の心に湧き起こった憤怒、愛と憎しみの感情は、果たして自認されるべき正当の事柄であったろうか……。

カエルの瞳は「何事でもなかった」と言っている。私は何を犯したのか。私はヘビを憎み、カエルに同情した。考えてみるとヘビはカエルを食って生きる動物である。彼は自らの立場のやむをえないことを主張するであろう。カエルも時において必ずしも同情されるべき動物ではない。カエルもさらに小さい昆虫らをペロリペロリと食べる曲者である。

ヘビを憎んだ私は、もし一羽のタカが来て空中高くヘビをつるし上げる姿を見ればヘビに同情し、タカを憎むであろう。しかしそのタカにもまたさらに大きい強敵が存在する。

カエルはヘビの前には弱者であるが、小昆虫に対しては強者であり、昆虫もさらに小さい昆虫を補食する強者でもある。

このような姿はただ動物界のみではなく、無心に見える植物などの上にも日々遂行されている。大樹の下には、灌木が樹蔭からもれる太陽の光を求めて頭を上げようとし、その木の下ではシダがその葉を広げ、さらにその葉の下ではコケ類がかすかな日の光を得て生存している。そして彼らの根と根は相絡んで、水分や養分の争奪に必死の努力を傾けていると見られないこともない。

また木や草の葉には、各種の病原菌や昆虫類が寄生して、草木を侵害している。

常に弱者と見える他の動物などの飼料として食われる草木も、一度その動物等が死体となって横たわる時は、その腐肉を養分として奪取して成長する。地上の生物は一つとして他に依存しないで、独立して生存しうるものはない。

生物はすべて生命の糧として他の生物を食い生存するということは、地上には弱肉強食の争闘が繰り返されない日はないことを意味する。

私はこの弱肉強食の世界の中に一石を投じた。一に同情し、一を憎悪して、しかし同情されたものが果たして本当に同情されるべきものであり、一が真に憎悪さるべきものであったろうか。

私はなぜ強者を憎み、弱者に同情せねばならないのか。私の愛憎は正しい価値を有するであろうか。

もし人間が彼らの争闘の中に介入しないでいても、彼らは常に一定の限度を保って破滅に至ることはない。ヘビがカエルを食い尽くすことも、カエルが虫を絶滅してしまうこともない。

彼らの間に争いはあっても、争闘には拡大しない。争闘があっても、人間のような戦争が引き起こされることはない。

彼らは常に自然の摂理を守って、自然のままに生き、死んでゆく。彼らは自然のままにおいて、美しい秩序を保っているのだ。

生物と生物の争闘を醜いとして一石を投ずる人間は、彼らの間に起こる混乱を防止し、秩序を回復するためのようで、実際はただ彼らの間にさらに大きい混乱と破壊を引き起こしたにすぎない。

彼らの弱肉強食の姿は、弱肉強食といえば弱肉強食であるが、また反面相互依存の共存共栄の姿でもある。

ヘビは常に強者でなく、カエルは常に弱者でない。ヘビを憎んだ明日はヘビに同情し、カエルに同情したところでカエルが昆虫を食う姿に、またトンボが蚊を食う姿に憤激して、私はカエルに、トンボに一石を投ぜねばならぬ。もしヘビがカエルを食う姿が残虐であるならば、カエルがハエを補食する姿も悲惨事であり、小鳥が虫を啄食する姿も無惨であり、人間が焼魚を食う姿も憎悪されねばならぬ。人間は誰を憎み、誰を愛そうとするのか……。

人間の投じた一石は、天の摂理に対する反逆であり、人間の心に湧き起こった愛憎は、ただただ気まぐれないたずらにしかすぎない。

考えゆくに従って、私の心は激しい悔恨に沈んでいった。と同時に、人間の心に何ゆえ愛と憎しみが湧くに至ったのか、なぜ結果において、全くの喜劇でしかないこの感情に、私は支配されねばならなかったのかという激しい疑惑に突き当たっていた。

老人は何気ないふうに言った。

「人間は動物と植物の争闘の姿を見て、弱肉強食の姿と心に考える。何気なくそれは間違いのない事実として。しかし、この人間の心に浮んだ考えは、人間の犯す錯誤の第一歩であった……。小さな児童らが一匹のカメをつかまえて遊んでいる姿を見て、大人はいたずらをするでないとさとす。

だがこの時児童らは、なぜカメと遊ぶことが悪いのか、中止せねばならぬことなのかが判らないであろう。

もし彼らの遊びが悪いことであるならば、彼らがトンボつりすることも、セミとりすることも悪いこととなる。

幼児は、何ゆえ彼らと遊ぶことが悪いのかと、不審な顔をするであろう。

しかし、この時の幼児の疑惑に対して、真実の解答を考える大人はいない。多くは弱いものをいじめるのは悪いことだからといって平然としている。

だがこの答えは、児童の疑惑に対して真実の解答とはなりえていない。もし児童に質問を許すならば、「なぜ弱いものをいじめるのが悪いのか」と言うであろうが、このような問いはもはや大人の世界では通用しない言葉となり、大人は「悪いことだから悪いのだ」と叱りつける。

子供は判ったような、判らないような顔をして「そうかな」と信じる。この時、不幸にも子供らは、真実を知ろうとする一歩手前で、錯誤であろうと何であろうと、信じるということによって、知った、判ったということが置き換えられてしまったのである……。

トンボつり、虫とりの秋、セミとりの時、そのつど大人らから繰り返し聞かされる「弱いものをいじめるな」という警告に、子供らの心はいつしか「弱いものをいじめるのは悪いことだ」と考えるようになる。

さらに大人らは弱いものには同情し、強い者は憎むべきだとして、子供らの心に愛と憎の感情を誘導し、誘発させていくのである。子供らはやがて、愛憎はどんな場合にどうして発現するものかを知るようになり、セミとりする友達らを止め、カメと遊ぶことを罪悪だというようになるのである。愛憎二つの感情の所有者となった人間は「なぜ弱いものをいじめるのが悪いのだ」という真実が判っていないのに……弱いものをいじめるのは悪いことだとして、その感情のままに行動して、何らの懐疑も抱かないようになってゆく……。

このような経過をとって発展していった愛憎の感情は至当でありえようか。

大人はカメをもてあそぶことは悪いことだと言った。幼児は最初カメと遊ぶことが悪いことだとは判らなかった……ということは何を意味しているのであろうか。

子供は自他を区別しない。自己とカメの二物は二物であって、しかも二物ではない。自他を区別しないでカメと遊ぶ彼らの姿は、もはやカメをもてあそぶ彼らでなく、カメと共に遊ぶ彼らである。分別しない心に愛憎はなく、そこに存在するものは、ただカメと合一して遊ぶ心のみである。

セミをとる児童の瞳に映ずるものは、ただただセミのみであり、トンボつる子供の心はトンボと共に飛ぶ心のみである。

自己を識らず自他を分別しない児童の世界には、二個の物体は二者であって二者でなく、自他合一の世界であり、自然と融合し調和した一物のみが存在する。

憎むべきものを知らず、愛するものを知らず、悪もなく善もない。純一無雑の心に存在するものは嬉々として遊ぶ法悦の世界である。

だが大人は、この彼らの心の中に一石を投じて亀裂を生じさせた。その言葉は自己認識であり、自他の分別である。子供とカメの対立であり、セミと子供、トンボと我の相対である。その瞬間から子供らの心は、カメを見ればカメと思い、セミを見てセミを識る。その時から、閉ざされた子供らの心は、以前のように明るいものでなく、カメを見てカメと遊びえず、セミを見てセミと共に鳴きえず、飛ぶトンボを見てももう子供の心は空を飛ぶことはできなくなったのである。

そして目に映ずるものは争闘の対象として存在するカメであり、セミであり、トンボにしかすぎない。相対立して存在する二者の間に惹起される姿は争闘であり、心に描かれるものは愛と憎しみの相克なのである。

大人らは子供らに、愛は何であるかを教えたが、その瞬間にまた憎しみの何であるかをも教えたのだ。愛は憎しみと対立するものとして同時に誕生した。弱者に味方するのが愛と言われた時、同時に人間は強者に反抗する心、すなわち憎しみを心に抱くようになった。人間の愛の影には、必ず憎の心が影の形に添うように存在する。しょせん愛と憎は表裏一体のものでしかない。憎しみなくして、愛は存立しえない。憎しみも、愛なくしては存在しえない。

カエルを愛するためには、ヘビを憎まざるをえない人間の愛憎が相対的に成立し、絶対独立の存在とはなりえない。

人間の愛は独立して存在する絶対的愛ではなくて、相対的な愛であるがために、時と場合によって常に変転浮動するのはまたやむをえないことである。

カエルを愛することはヘビを憎むことであり、ヘビを憎むことが消滅するならばカエルを愛することも消滅し、カエルを愛することがなければヘビを憎むこともまたないであろう。

もし人間の愛が絶対的な真実の愛であるならば、人間の「カエルを愛す」は絶対であり、昨日はカエルを愛し、今日は憎むというような奇怪な矛盾は暴露しないであろう。人々が「カエルを愛す」と言っているのはカエルそのものを愛しているのではなくて、カエルの上に描かれた人間の種々の虚想を人間は愛しているにしかすぎない。ある時は弱者と見え、ある時は強者として見る。

ある時は可憐にして、ある時は暴君に転ずる。人間の認識はカエルの真姿を把握しているのではなく、その虚想を認知しているのである。いわば認識の錯誤である。

認識の錯誤に出発した人間の妄想の上に注がれる愛憎が、その妄想の変転とともに変転するのは当然であろう。人間はカエルを愛すといってその実、カエルを愛しているのでもなく、ヘビを憎むといってその実、ヘビそのものを憎んでいるのでもない。人間の心がおどらされているもの、人間の心に湧く愛憎は……自己の心に湧き起こった妄想の雲でしかなかった」

しかし、私は強いて反問した。

「ヘビとカエルの争闘の姿は事実であり、人間の妄想とは思われないが……」

老人は何事でもないように、

「ヘビとカエルは二個の動物にすぎない。二個の物体である。二個の物体が激突したとは見えぬが、カエルはヘビを憎み、ヘビはカエルを憎んで殺害したと見るが人間の妄想である。

ツバメが飛んで来てトンボを襲い、トンボまた身をひるがえして小虫を食う。そこには争闘あって、すでに争闘はない。クモがハエをとり、蚊が人を刺す姿に一喜一憂する必要は少しもない。和尚が魚を食べようと菜葉を食べようと、それはなんら悲惨事ではない。悲惨と見る人間の心が無惨であるにすぎぬ」

「地上に惹起する弱肉強食の争闘は」

「弱肉強食の姿ではない。地上の一大饗宴である。共存共栄の流転があるのみである。何事も起こらなかった。何事もなかった。なんでもなかった……カエルの眼は常に碧空を映して澄んでいるのだ。真実のいまわしい争闘は、人間が彼らの中に介入した時から始まる。狂気のように石を拾って投げつけた人間の手から、真に憎むべき争闘が開始される。自然界に弱肉強食はなく、人間界のみに弱肉強食が存在する。ヘビとカエルは衝突しても愛憎はないが、愛憎をもって争闘する人間の争闘は弱肉強食の血生ぐさい修羅場といえる。

しかも悲しむべきことに人間の愛憎は拡大進展して停止することがない。ヘビとカエルの間に起こった争いは、争い以上には拡大しない。人間の争闘は愛憎が愛憎を生み、愛憎の熾烈化に従って、争いから争闘へ、争闘から戦争へと拡大する。

人間の虚想は虚想の影を生み、妄想は妄想の雲となって拡大し、もはや止めるべき手段はない。

「ご老人は人間の愛憎を虚想に出発した妄想として否定する。しかし、人間に真の愛が、憎をともなわない愛がないとは思えない。例えば……。

母が子を愛する姿……百姓が作物を愛する姿、詩人が風物を愛する心、また純清な恋愛の中には真の愛は見出されえないであろうか……」

「母親は子を愛するという。真実、子を愛しているであろうか……母親が子供に乳房をふくませている無心な姿、乳房からほとばしり出る乳が、躍動する子供の若い生命に注がれてゆく光景、それは美しくも尊いと言いたいが、母親はこの時、何と言うであろうか。

「我が子は可愛い」という我が子とは何であろうか。我が子なるがゆえに可愛いいと言う。その言葉は恐ろしい。母親は自らを知り、また子が我が分身であることを知っている。

もちろん、他人の子供も可愛いいと言う。しかし、我が子に優り可愛いいものはない。我が子なるがゆえに、より愛するという母親の心の中に巣くらうものは何か。

母親は真実、子供を愛するのではなく、我が子と呼ぶ我なるものの希望を、子供の上に托して描いた夢を愛しているのではないか。母親は子を愛するのではなく、我が子を愛している。もし母親の愛が真実のものであるならば、愛は不変不動であるべきである。自分の子供に対する愛情と他人の子供に対する愛情に差別がある母親の愛というものは、絶対的愛とはなりえない。

ある母は言う。「母親の愛はこのような利己愛ではない。没我の愛である。自己はない。自己の完全な犠牲の上に立つ愛である。本能的に愛せずにはいられなくて愛するのだ」と。しかし、その言葉は自ら矛盾を暴露していることに気づかないか。没我と言い、自己はないと言いながら、自己の犠牲の上に立つと意識する自己の存在に気づいていない。自己がなければ、もはや犠牲もありえない。彼女は本能的に子を愛すと言う。だが、かつて母親で真実、本能そのままにおいて子を育てた者がありえたであろうか。もし彼女が本能の愛をもって子を育てたならば、彼女の母親の育児法もまた本能そのままの姿をとったであろう。

甘い食物、暖かい衣服を着せて育てる母親が、本能的に可愛いいがゆえに愛する。可愛いいがゆえに愛したのであり、それ以外の何ものでもない、と言いはることは笑止である。

可愛いいといって愛する母の愛情の中には、むしろ激しい自己愛が隠されているのだ。

母親の愛は、すべて自己に発して自己に帰る。もし自己に発しない愛があるとすれば、それは真の本能に基づく愛であろう。

本能とはすでに人間の推理を超脱した世界であり、人間の把握を許さない。しかしながら、そこに存在するものは、絶対的であり不変である。本能の世界に、我は無い。没我の世界である。人間の意志を含まない本能的衝動による育児こそ、純粋な愛と呼んでさしつかえない。

しかし、通常本能は動物的衝動として世人からは軽蔑されている。しかし、これは人々が真に本能が何であるかを見失った結果にほかならない。

人々が母の愛は本能であるなどと言っているその時の本能は、最も激しい自己愛、盲目的自己愛のためにかえって自己を没却失念した姿を指しているのである。没我の世界と忘却の世界を混同した結果にほかならない。忘却の世界では自己は無いように見える。だが、それは我が子に対するあまりにも強烈な自己陶酔のため、自己が失念されたにすぎない。我が子に自己が没入した結果、自己が無いごとく錯覚するのである。真の没我には我無く、我無ければ他人なく、愛児もない。

ツバメの巣にヒナがかえり、親鳥が来る日も来る日も風雨をついて我が子に食物を運ぶ姿は美しく、自己を犠牲にして愛児に食物を与える人間の母の姿に似ている。しかし根本的な差異は、ヒナ鳥が成長して巣立つ日、人間の子が成長して食を獲る時に至って明白に現れる。

ヒナ鳥が一生懸命羽ばたいて巣立とうとする時、親鳥はまたその周囲を飛び回って、いじらしくも鼓舞激励する……しかし一度ヒナ鳥が飛び立ち青空に高く舞い上った時、親鳥は最後の決別の一声を上げると共に我が子の前から遠く永遠に姿を消す。

人間の母親はどうであろう。自己を没却し、自己を犠牲にして育てたという母親は、かの親鳥のごとく我が子を手離しうるであろうか。尊い没我だ、美しい犠牲だといわれる母親ほど、我が子が遠くへ去りゆくことを恐れるのだ。子供の上に我はなかったはずだ。自己愛はなかったと言いうるならば、なぜ母親は子の巣立ちを恐れるのだ。

他の動物の上に見られる本能と人間の言うところの本能との間には、計り知ることのできない溝がある。一は没我の世界でありうるが、人間の世界にあるものはただ自己のみである。我が子を愛するという人間の愛は自己を愛する愛でしかない。我が子を愛しているのではなく、自分を愛しているのだ。だから我が子が我から離れゆくことを恐れ、成長した我が子が自己の意志に反逆した時、狂気のようになって我が子を憎悪する。

母親が子を愛する姿は、人間が鏡に映った我が姿を愛している姿にほかならない。母は子の真姿を見ず、実体を愛さず、ただ我が子という虚想の上に描いた自己の妄想を愛撫しているにしかすぎない。鏡を愛しているのではない。

破鏡、一度我が子去り失われる時、母は悲嘆のあまりの涙に暮れるが、彼女が我が子に注ぐ涙は、我が子に注がれる涙ではなく、自分の心の痛手、悲嘆の心に注がれる涙なのである。死せる子の行方を案ずる母の涙は、自分が見失った虚想への未練の涙であり、自己の心の行方の不明のために迷いさまよう我が姿に注がれる悲嘆の涙なのである。

我が身はどうなろうと、我が子をこの世に再び返せと泣き叫ぶ母は、子供の悲劇に血涙をしぼるより、我が真姿を忘却して行方知らずさまよう我が心の悲惨事をこそ、悔悟すべきであろう。

日暮れてなお帰らぬ子を案じて戸外にたたずむ母親の姿は哀れという。哀れなのは日暮れてなお遊びに夢中の児童の上になく、哀れを誘う母の心情こそ哀れであろう。しかしながら、真に母が子る。

を愛するならば、母は子を我が懐に返そうとするよりは、むしろ我が懐より我が子を放つべきであ

自他を分別することに発した人間の愛は自己愛であると共に、利己愛となり、排他的とならざるをえない。

自分の子として認識したことは、我が子と他人の子供を区別したことにほかならない。他の子供と区別して我が子を愛することは、他を愛さないことを前提とすることであり、他を排することでもある。

我が子に甘い菓子を与えて惜しまない母親も、他の子供に同等の甘い菓子を与えることは欲しない。いや、他の子供の持たない甘い菓子を与える時こそ、母はより以上の満足感に浸るのが常である。我が子に優る他人の子供に賞賛の拍手を送る母親の心の内には、必ずや羨視と羨望が渦を巻くものである。

人間の愛は乞食に一杯を与えるが、自らの財産と地位を取り替えようとすることはないであろう。あわれみの情は、必ず自己が優位にあることを自覚した場合のみである。彼らは自己が損われないほどにおいて、愛の小出しを行って自己の名誉を守ろうとしているのだ。

無報酬の奉仕愛といい、犠牲的奉仕というのも、無形有形の完全な無報酬の奉仕ではなく、永遠の犠牲に甘んずる奉仕者もない。彼らは自己を粉飾する最大の偽善者にすぎない。社会において奉仕する者は奉仕者自身でなく、奉仕される人々の側にある。彼らは与えているのではなく、奪取しているのである。

自己を意識しない愛は、人間の世界にはありえない。人間はもはや何者をも愛する資格を所有していない」

「人間は愛することを許されないと言う……。

我が子を愛することを、母を愛することも、また我が妻を愛することも許されないと言う……愛そうとする瞬間において自己を滅却することのできない人間は……。

愛することのできない人間は、また愛されることも許されない人間でもある。真実とすれば悲劇である。

だが人間に、真の愛がないとは思えない。

美しい自然の中に愛を求めてさまよう詩人、魂と魂の呼び合いによって慕いより相擁してゆく若い男性と女性の中にも聖なる愛が認められないであろうか……」

「大自然の中に存在する愛を自覚してその懐に抱かれようとする詩人、魂と魂の内に芽生えた愛の衝動によって相慕いよる男性と女性、純粋な愛がそこにあるという……。

人間に、真の愛がないのではない。だが人間はすでに愛の本姿を見失ったがゆえに、人間には真の愛はないとも言いえる。

自然の懐にさまよう詩人は、見失った愛を求めてさまよう単なる放浪者にすぎず、恋愛は異性の中に虚偽の愛の完成を計ろうとする卑しい不良児の遊戯にすぎない。彼らの追求する愛は、愛の虚偽にすぎず、そこには価値ある何ものもない。

彼らはすべて自らの中に愛を探求せず、外なるものに愛の対象を求めてさまよう。彼らがたずねる方向には愛は存在しえないのである。

春が来て花は開き、一匹の虫また本能的愛の衝動によって雌雄相交わる。人間の恋愛もまた、このようなものと見られるが、人間は本能的衝動によって第一歩を踏み出すにしても、第二歩において人間は邪悪の恋愛へと踏み込むのである。

彼らの恋愛は、どんな経過を経て完成されるかを見よう。彼らは果たして何を愛したであろうか。一人の男性が女性を知ったという時、彼は多くの女性の中から一人の女性を選び出し、分別し、選定した。彼はまず第一歩において女性を選定したのである。

そして着飾った衣服を見、容姿、行動を観察し、相手の品性を考察し、さらに趣味、思想を交換してゆく。心と心が相共鳴する時、相思の仲として二人は恋愛への道を行進してゆく。当然の帰結として、結婚しようとする時、彼らはさらに二人の周囲を取り巻く環境を結婚の条件として考察する。家系、血統、資産、身体、両親、兄弟、親族縁者の優劣、良否を相計る。

誰も時間の遅速、程度の差異こそあれ、このような経過を通過しない恋愛はない。この事柄は当然の事柄として誰も不審を感じない。これは極めて奇妙なことなのだが……人間は何を愛そうとしているのであろうか……。

ともかく、こうして一人の異性の本姿を知り、そしてその実体を把握し、その実体と恋愛しているのだと信じている。人間は一人の人間の本姿を、このような外観や内観によって把握しうるものと確信しているのだ。

そして相共感するものがあった時、彼らの間には、純粋な美しい恋愛の花が開き、二人の魂と魂は本質的に結びつきを獲得しえたかのように思っているのである。

人間の愛は対象によって、発現されたり発現されなかったりする。相思の仲となって初めて恋愛の情は燃え、もし対象となる異性を見出しえない時は、彼らの愛は冷たく消滅しているのである。人間は見て、思って、しかる後に恋愛する。人間の愛は先発しない。彼の愛はどこに存在していると言いうるであろうか……。

他の生物間で、また無生物の間で、陰陽の二つが本質的衝動によって相牽引し、相接触するのと比べて、人間の恋愛が極めてよく相似ていて、しかも絶対的に異なるものがそこにある。

人間の恋愛は本能的衝動によって出発されるように見えて、その実人間の心によって引き起こされ、また消滅する。人間の愛は、人間の心によって自由に創作し変更されうる愛なのである。

人間の恋愛は何ら本質的な魂と魂の呼び合いなどによるものではなく、心の鏡に映した人間の虚影の上に描かれた幻想的な愛の完遂を目指す二人の格闘であり、苦悩なのである。

人間の心に映る愛は波上に映る浮雲のように去来するがため、常に形を変え、また移りゆく。人間の恋愛が常に悲劇的苦闘に終始するゆえんもまたそこにある。愛に二つはない。だが人間の愛は時と場合で変貌し、常に風波の絶え間がなく、恋愛もまた永遠に完結されることがない」

「虚影の愛にしても、人間は愛さずにはいられない。……何らかの衝動が人間を支配している」

「人間は分別智に出発して二者を識別したが、その瞬間から二者は永遠の二者となり、もはや再び合一完成されることはないのである。男性対女性と認別された時、人間は完全体から不完全体へと転落した。不完全は常に完全になろうとする衝動をもつ。すなわち、この男性と女性が再び合一して完全体へと復帰しようとする人間の苦悩や願望が、人間の恋愛の衝動となる。しかし、このような人間の願望が許されないのは、破鏡再び玉となりえないのと同様である。

破鏡の悲劇はさらに人間を迷妄の淵へと引きずり込む。自ずから完成されることのない恋愛の中に沈溺しても、その苦悩は何らの価値もないばかりでなく、いよいよ深く人間を迷夢と邪悪の深淵に誘い寄せるのである。

手足を縛られた人間が水中に投げ込まれた時、もし彼が心静かに波の間に漂う平静さを失わないでいたならば、彼は波上に浮かぶことができる。しかしもし彼が焦燥を感じてもがく時は、彼はたちどころに海底の藻くずとなりゆくであろう。

自ら描く恋愛の妄想に沈溺する人間は、より完全ならんとして、より不完全へと転落する。人はより深く知ることによって、より深く真相を把握しうるものと信じているがゆえに、より深く考察し、思考し異性を選択することによって、より完全な愛が結ばれうるものとして苦悩する。だが彼らの苦悩は人間の真姿の発掘には何ら役立たず、かえって迷夢の深い淵に没入し、その真姿に遠ざかり、真の愛が何であるかを見失い、虚偽の恋愛遊戯に堕落してゆくのである。

彼らが互いに異性を見ること多く、相計ること多ければ多いほど、彼らは自己の虚妄の拡大に悩まないわけにはいかないで、ますます真実の恋愛より遠ざかる。

愛は外になく、自己になく、自他を分別しないところにおのずから発する。人間は自ら人間を分別して不完全体としたが、人間は本来完全体なのであり、男性と女性の二者であって、しかも二者ではない。

完体と完体との間に交流するものこそ、真の愛の世界である。分別以前の完全円満なる自性の魂と魂の接触による火花こそ、真の恋愛なのである。

純粋無雑の人間の魂と魂が互いに呼び合う人間の本質的衝動こそ、真の恋愛なのである」

「人間の本能的衝動にこそ真の愛が宿るという言葉であるが、他の生物間に見られるような動物的衝動に、人間がその身を委ねることができるであろうか。

もし現代の人々がその知性をすべて捨て去って本能的衝動のままに行動したとすれば、そこには一夫一婦の倫理的道徳感も消滅し、多夫多婦の混乱が惹起されるものではなかろうか」

「本能のままに行動するというが、かつて人間は人間の本能が何であるかを把握したことがない。本能のままにというが、人間はもはや真の本能的衝動をとることはできないはずである。

また人間がその知性を放棄するというが、人間はその分別知を捨て去ることもできない。しかしもし仮に人間がすべての知性を捨て切って本能的衝動のままに行動したとすれば、そこには何の虚姿もなく虚妄もない。あるものはただ愛の衝動による行為のみである。

もし人間の虚姿、虚妄に幻惑されることなくして衝動のままに行動すれば、その行動は最も自由奔放にも見えるが、また最も純朴な愛の形をもとるであろう。

人間の知性なるものは、社会の混乱と性の無軌道を防止する方法として便宜上一夫一婦なる倫理を創造した。だがその心に発する多夫多婦への欲情と愛の格闘は、圧迫しようとして圧迫することができず、常に混乱と悲劇を繰り返しているのである。

もし人間が本能のままに行動したとすれば、その形はいかなる形態をとるにもせよ、混乱と悲劇はありえない。

なぜなら、このような世界には愛のみ存在して憎しみが存在しないがゆえに、そして彼らの世界では大自然の摂理による秩序と調和が見出されるであろう」

芸　術

私は森の中を、老人を尋ねてさまよっていた。

聞くともなく小鳥の声を聞いているうちに、いつとなく音楽ということについて思いを巡らせていた。

昔の人々は小鳥の声、松風の音、渓流のせせらぎなどを聴くのみで、別に音楽というふうなことは、考えることも見ることも聞くこともなかった。しかし現在ではどんな田舎でも、音楽と名のつくレコード、ラジオなどから流れ出す音楽に人々が耳を傾け、また各種の楽器によって演奏される音楽を楽しむようになってきた。

音楽を知らなかった人々。音楽を楽しむという人々。芸術ということは何も考えなかった昔と、芸術を愛するという今の人々との間には非常な差があるようでもあり、またないようでもある。いずれが本当であろうか……と、ひょっこり木立の蔭から現れた老人は、私の疑惑に応えて話しはじめた。

「音を、耳を澄まして聞くという音楽が、すでに怪しい言葉ではないか。三歳の童児の耳にも音楽は聴える。聞くという心をもつ大人の聞くと、子供の聴くは、同じようで同じでない。音響が耳に入り、鼓膜を刺戟し、聴覚に訴えることは大人も子供も同様だが……子供は無心に聴き、大人は心あって耳を澄まして聞くという。この時の聞くは換言すると、聞こうとする心がない時は聞こえないということである。何ゆえ大人の耳は聞こうとせねば聞こえないか。

大人の世界ではあまりにも煩わしく思うことが多い。耳は閉ざされてはいないが、その心が憂愁に閉ざされているがゆえに音響が耳に入っても聞こえないのである。その音響に耳を向けた時、はじめて彼はその音響に気づくのである。

小鳥のさえずりがただちに耳に聴こえるのは童児であり、いわゆる文明人でなく、未開の野蛮人といわれるような原始人が、より音響に敏感なのである。

難しい顔をして机に向かっている学者らの耳には街の轟音も音楽も耳には入らないが、無心に眠る幼児は突然の警笛にもぴくりと動き、軒端のスズメのさえずりにも夜明けの眠りを覚ます。

しかも子供の耳には小鳥の声はそのまま妙なる音楽として耳に入り、その心は小鳥の声に和して歌うのである。

憂いに閉ざされた大人の心の中には小鳥の声も響かず、ただ森に入って静かに憩う時、何ものも忘れようとする時、ふと小鳥の鳴き声に気づいて耳を傾けるのである。

だが、大人が聞いた小鳥の鳴き声は、彼が物悲しい時は小鳥の声もうら悲しく聞こえ、心楽しい時は小鳥の声も楽しげと言う。心の浮き沈みに従って同じ小鳥の声も同一には聞こえない。子供の聴く小鳥の声は常に同じであるが。ということは、大人の世界では小鳥の声が小鳥にあるのではなく、聞く人間の心にあるということである。

大人の世界では、人間の心が音響を製造し創作する。したがって、世の音楽家は、風の音、波の音を聞き、また松声を聞いていろいろな音楽を作曲するという……そしてそれでよいと考えている。また、さらに人間自身が作曲したその音楽に、耳を傾ける観賞家がいる。そして、彼らは作曲者と同様の感情のリズムに乗って悲しみ、喜んで満足しているのである。それが間違いのない音楽であり、人間の心を楽しませてくれるものと信じて疑わない。

だが、それは恐ろしいことである。

音響は聞こうとしなくても聞こえる。音楽がなくても小鳥のさえずり、虫の声で充分楽しみうる。児童らの心と、自ら作った音楽に耳を傾けて聞いて楽しむという大人の心を比較する時、そこには天地の離れがあるのである。

児童は真の音楽を楽しみ、大人は幻想の音楽を楽しんでいるのだ。……」

私は、素直に老人の言葉を聞くことができなかった。

「大人は人間の作った音楽を聞き、子供は自然の音楽を聴くとしても、自然そのままの音楽が必ずしも最高のものとはいえない。人間が創作した音楽にこそ、むしろ優れた芸術があるのではなかろうか。また幼稚で原始的な音楽より、高く深い音楽をも人間は創作しうるのではないか」

すると老人は、

「優れたとか深い微妙な音楽とは、どういう音楽であろうか。例えばベートーベン、ショパン、シューベルトらの作曲した音楽を人々は挙げる。そして、何ゆえそれらが芸術上優れているのかと尋ねると、普通は次のように答えるものだ。

『彼らの音楽を聞く時、人々は非常な感銘を受けるのだ。そこには激しい人生の苦悩、荒涼とした寂漠、甘美と悲哀、豪壮と繊細、崇高と幽玄がある。人間のあらゆるもだえ、苦渋を通して惻々と人々の心に迫る彼の崇高なまでに高められた偉大な魂に触れることができる。彼の魂のリズムこそ高貴な香り高い芸術といわねばならないであろう』と。

だが、すべての人々がベートーベンの曲の前に感泣し、興奮するわけではない。

名曲といわれる子守歌も泣き叫ぶ赤子の心を沈めることはできないと同様、彼らの名曲も子供や百姓相手の場合は、何のことだかわけが判らないであろう。彼らにとっては名曲も猫に小判で、ただ騒々しく煩わしい以外の何ものでもないということは、何を意味するか……。

名曲が真に名曲であれば、どこでもどんな人の心にもその旋律は快く染み通るはずであるが、名曲も聞く人によって名曲となり、騒音となるということは、名曲の価値が名曲にあるのでなく、聞く人の心次第、いわば曲は曲になく人の心の中にある証拠でもある。

また、名曲は名曲を理解しうる人にとってのみ名曲となりうるというが、この場合、理解とは何を意味するか。

難解な曲目を理解する聴覚、頭脳を練習の結果獲得するということは、音楽について訓練した人々にのみ可能である。訓練とは、声楽にしろ、器楽にしろ、高低広狭さまざまな音程を区別して発生し、聴取する技能を練磨することである。また次には、人間の心の中に立つさざ波ともいえるさまざまの感情を音響によって表現する技術について学ぶ。また反対に、種々の音響の中に流れる人間の感情のリズムを聴取しうる聴覚の練磨に努める。ちょうど自転車に乗る技術を獲得するように、音楽のリズムに乗りうる心を訓練によって養うことが音楽を理解することとなる。

高級な芸術、香りの高い音楽というものは、多くは難解だといわれる。難解な音楽というのは、一つの音響の中に極めてたくさんの複雑な感情が吹き込まれたものなのである。名曲とはいわば一つのレコードの中に豪華、絢爛、甘美、幽遠、荘重、繊麗というふうな感情をより多く秘めたものなのである。

したがって、名曲を理解するとは、このような名曲から流れ出る複雑な人間の感情の旋律に、よく乗り、よく感応し、感泣しうることを指す。

だが練磨の結果、人々が名曲の中に含まれる荘重、甘美、幽雅などといわれるようなさまざまな感情のリズムに上手に乗って自らの心が振動する、すなわち人間の心が支配されるということは、人々が信じているほど真に喜ぶべき、また楽しむべき価値ある事柄であろうか。

いかに美しい言葉で飾られようとも、人間の感情が人為的リズムの波上に漂って動揺するということは、悪くいうと人間の心がリズムの波によって惑乱させられ、昏迷の淵にさまよっているにすぎない。微妙とか、複雑、幽玄といわれる音楽は、人間の心を動揺させ迷夢の中に引きずり込む力が強大であり、深刻であるというにすぎない。人間の心を激情の中に奔浪する力の強大な音楽に陶酔することが、何ゆえ人間にとって価値があることとなりうるか。

人々は単純で素朴な心の所有者よりは、複雑で解き難い昏迷の智恵の中に沈む人を、より偉大な智慧者として尊敬する。それと同様に、人間が種々の激情の波の中に浮き沈みすることは、人間の心をより複雑怪奇に、より苦渋に満ちたものであるにもかかわらず、人々はこのような役目を果たす音楽に心酔する。

彼らはこのような激情に満ち満ちた人生を価値あるものと信じ、このような音楽によって人間の品性が向上し、心が浄化され、崇高なものに高められると考えているからである。喜怒哀楽の感情をリズムに乗せた音楽によって、人間の心が至純至高のものに高められるという。

人々は人間の心に浮かぶ喜怒哀楽の感情の価値を正当なものとして肯定しているからであろう。人の心に浮かぶというが、厳密にいえば、感情は人の心の上に湧き起こったのではなく、人の心の上に描かれたものである。自然に泉の湧くがごとくではなく、人の心の意志によって、頭脳の中に描かれた喜悲であり苦楽である。

楽しいがゆえに楽しさが湧いたのではなく、悲しいがゆえに悲しみの感情が湧いたのでもない。人の頭脳に描かれた虚姿虚想に出発して、楽しい感情をもったがゆえに楽しいのであり、悲しみの感情に浸るがゆえに、悲しくなったにすぎない。いわば人間の感情は自らが創作し、製造した心の迷夢であり、偽物の感情でしかない。

今一人の作曲家が音楽を製造してゆく過程を見よう。軒端の筧を伝って流れ落ちる雨滴を見ているとする。彼は、その雨滴が時に速く、時に遅く一定の緩急をもってポタリポタリと地上の水たまりに落ちて音を立てているのに気づく。雨滴は時に静かに落ち、時に激しく落下する。

間断なく繰り返される雨滴の落下を見つめているうちに、彼の心は雨滴のもつリズムを音楽に取り入れようとする。また彼の心の上には、さまざまな感情の雲が描かれては消され、消されては描かれる。

その雨滴は冷たい寂寞の露とも見え、憂愁の苦渋とも考えられる。時に甘美な母の乳房を思わせ、また宝石の輝きをもつ少女の瞳のきらめきを連想させ、あるいはまた熱情に悲泣する男の涙とも思われる。

作曲家は彼の心の上に描かれたさまざまな感情を、この雨滴のもつリズムに乗せてピアノの上にたたき出す。こうして寂寞、憂愁、甘美、激情など、彼の心の波動がリズムとなり、歌となり、曲となって表現される。

彼が作った曲の中から飛び出すリズムは、雨滴そのもののリズムではなく、湧き上る感情の嵐は、雨滴の感情ではなく、彼の心に描かれた感情のリズムである。

彼は雨滴なる実在を認識し、把握して雨滴のリズムを得たのではなく、その雨滴の上に描かれた自らの妄想を楽しみ、幻影をリズムとしてピアノの上にたたき出したのであった。

寂寞であるがゆえに、作曲された雨滴のリズムが寂寞となって現れたのではない。雨滴が甘美であるがゆえに、表現された音楽が甘美なリズムをもっているのでもない。

雨滴の落下する静けさを彼が寂寞と思った時、寂寞の感情が湧然として我の心に浮かび、雨滴の円い露を甘美と思った時、彼の感情は甘美の幻影に包まれたのである。

寂寞も甘美も雨滴から出発せず、彼の心の妄想より出発した彼自身の幻影でしかない。彼の作った寂寞は真の寂寞ではなく、甘美もまた真の甘美ではない。彼自身の創作物であり、偽物の幻影でしかない。

このように人間の心に描かれ作られてゆく喜悲哀楽の感情が、人間にとって真に必要な高い価値を有するであろうか。

このような感情は、その根底において無意味であり、とうてい至純至高のものとはなりえないことはいうまでもないであろう。

それでもなお、このような感情を再表現した音楽によって人間が浄化され向上すると考えることは、水面に映る虚影の獲物を見て吠える犬の愚にも等しいことである。

音楽を聞くことによって興奮し、感化し浄化されるという人々の態度を例えてみよう。

それはちょうど、映画に演出された豪快な男の活躍に胸を躍らせ、また甘美な愛の画面を見て甘美な夢に陶酔する観覧者と同様である。映画を見ている間、映画の中の男に共感した彼らは、あたかも彼ら自身が豪快な男となりえたように興奮し、また次には甘美な愛をささやく麗しい人物となりえたように錯覚する。ある時は豪快な男に、時には熱情の男性となり、また次には冷徹な男となり、邪悪な男ともなりうるのが観覧者である。

豪快な音楽を聞いては豪快な人物になり、崇高な音楽を聞いては心は浄化され、崇高なものに高められると思うのは錯覚にすぎない。

もともと人々が鑑賞している映画の中の人物そのものが、すでに偽物なのである。俳優がどんなに上手な演技を示したとしても、彼は真に豪快なのでも、麗しい男となりうるのでもない。

名作曲家といわれる人々の作曲がどんなに荘重、豪放だからといって彼自身が崇高、豪快な男であるとは限らない。芝居を演出するのが俳優であるように、音楽を作曲する者もまた一人の音楽役者なのである。

彼らの演技が、彼らの作曲がどれほど名演技、名作であろうとも、つまるところ、その結果は一つの芝居であり、遊戯にすぎない。

それのみではない。昨日は悲劇役者を演じて熱演し、今日は喜劇役者を演じて得意になる男、今日は英雄に、明日はうらぶれた詩人となりうる男があるならば、それはいわば芝居上手な男であり、むしろ唾棄すべき人間でしかない。

名曲の中に含まれるという、豪快、荘重、甘美等々の感情もまた芝居され、模写された豪快、荘重、甘美等々でしかない。いわば真実の豪快、崇高、幽玄等の感情の模造物であり、投影でしかない感情のリズムに乗って躍らされることは、自らを道化役者として汚濁の世界に投げ込んでゆくにすぎないのである。

彼らは真の音楽家でも芸術家でもない。舞台の上で音楽なるリズムの芝居を上演する一俳優にすぎない。ただ彼らは、自分が芝居の中の俳優となっているのに気づかず、実在する者と信じているが……。

だが、人間は、実態の世界ではない虚想の世界に住む。ちょうど夢の中で豪快な活躍をしたり、憂愁に苦悩したり、また甘美な愛をささやいたりして喜んでいるのと同様である。

夢の中で豪快な活躍をするといえば喜劇である。憂愁に苦悩するのは無駄なことだ。甘美な愛をささやくといえば、それは悲劇でしかない。ただ人間は幸か不幸か、自らが虚想の世界に住んでいることに気づかない。

もし、舞台の役者が一人の英雄の役を演じる時、彼が本当に自分は英雄だと錯覚して熱演したとすれば、それは喜劇であり悲劇であろう。

一人の作曲家が自分は真の芸術家である、自分の作曲した音楽は真の音楽であると自負すれば、彼は自分が音楽なる芝居をしていることに気づかない道化役者であるか、自らが創作した幻想の濁酒の中に酔いしれている自己陶酔者にすぎない。

さらにまた、彼が作曲した難解な音楽を有り難がって理解しようと努力し、練習し、聴覚を練磨している音楽家の姿は、ちょうど芝居を観に行くのに、顔にお白粉を塗ったり、華美な衣服をまとわねばならないと信じている人らと同様、滑稽な音楽の道草を食っている姿にほかならない。

人間はもはや音楽を所有しているのではない……」

私は、人間の音楽を、音楽を芝居する音楽と言う老人に向かって言った。

「音楽は人間の感情を超越して、しかも、なおいかにして湧くか……」

「音楽はその耳をもって聴き、歌はその口より発すればよい。耳、聴くものは音楽であり、心、歌うものが音楽であり、それ以外の何ものでもなく、また何ものであってもならない。

音楽は人間の心に描かれるのではなく、人間の心に自ら湧く。音楽は聞くものではない、聞かなくても聴こえてくる……いや、常に聴こえているのだ。常に心そのものも、音楽のリズムに乗ってささやいている。

人間の心、人間の生命そのものが、そのまま音楽なのだ。

何ものも必要とせず、何ものをも超越して、なお厳として音楽は存在する。

そこは、清く高い音楽の発生地でなければならない」

老人はふと言葉を換えて尋ねた。

「人間は音楽を聞くという。真実、人間は音楽を聞いているのであろうか」

「？……」

「例えば、人間は音楽を聞くと楽しいという。楽しいという時、その時彼は音楽を聞いているのであろうか」

「常にどんな音楽を聞いても楽しいのではない」

「子供らが童謡を歌う時は、楽しげである。

百姓らは野良歌を歌い、民謡を聴く時は、楽しいと言う。街の人らは流行歌が最も楽しいと言う。

また声楽専門の人らはソプラノがよい、アルトが好きだなど言い、あるものはピアノが、ヴァイオリンが演奏される時が、私は管弦楽を聞く時が最も楽しいなどと言う。

それでは最も楽しい音楽は何かと聞くと、みんなちょっと黙ってしまう。次には自分らが理解し好むものが最も楽しい音楽だと言う。

幼児に管弦楽を聞かせると、びっくりして泣き出す。

百姓にソプラノを歌えと言うと、悲惨な顔をする。声楽家は、街の流行歌にはまゆをひそめる。

どんな音楽を聞いても楽しい心が慰められるというわけではなく、ただ自分が理解する音楽を聞くのみが楽しいということは、何を意味するか……。

音楽を聞こう、学びたい、覚えたいと思って音楽を聞く時、その人は楽しいと言うであろうか
「聞こう、覚えようでは息苦しいのみである」

「難解な名曲に取り組んでヴァイオリンを弾きこなそうとする時、管弦楽を真剣になって聞き学ぼうとしている時は、人々は楽しいものではない、むしろ苦しい。

難曲を自由自在に演奏しうる技術を獲得して後、自由に軽く弾いている時、はじめて彼は難曲も楽しいと言う。

檜舞台で緊張して歌う時は楽しいどころか額に汗をするが、家に帰りのびのびと歌う時は楽しいと言う。

人間が、聞こう、歌おうという強烈な意志をもち努力する時は音楽は何も楽しいものではなく、ただ無心に聴き、無心に歌う時のみはじめて楽しい。

いわば聞こう、歌おうという意志の稀薄な時ほど楽しい。歌うという意志が稀薄になり、ついにはその意志も努力もなく、ただ無心に歌い、聴く時、最も楽しくなる。

自転車に乗る練習をしている時は苦しいが、練習の結果自由自在に乗れるようになり、乗ろうという意志も努力もなく無心に乗り飛ばすことができた時、人は楽しいと言う。それと同様である。

歌う、聞く努力がない、意志がない、心がないということは、言い換えると、歌おう、聞こうとする心がない、思わない、思いがないのである。歌う、聞くと思う思いがないということは、歌っていても歌っていない、聞いていても聞いていないと同様であり、歌っていない、聞いていないこ

となる……。

難解な音楽をよく理解するようになって歌い、聞いている時は、もはやその音楽を歌っているのでもなく聞いているのでもなく、しかもなお楽しい。

その楽しさは、その音楽から導き出されたのではない。

楽しい音楽を歌わなくても、聞かなくても、本然の姿である無心の心は、すでに楽しい歌を歌い、聴いていたのである。

児童が童謡を歌う時、子供は歌うがゆえに楽しいのではなく、心がすでに楽しいがゆえにその心がリズムとなって表に現れ、歌となって口から流れ出したにすぎない。

声楽家らは歌う時のみ楽しいと言い、歌わない時は憂わしげな顔をしている。しかしこの時、彼の楽しさは歌うことにより楽しいリズムが心に誘発されて生じたように見えて、その実、彼の心と歌の間には何の交渉もなかったのである。

歌ったがゆえに楽しいのではなく、歌うことにより、世の煩わしさを逃れ、無心に接近したがゆえに得た楽しさなのである。

人間は音楽を聞いていて、しかも人間の魂は何も聴いてはいない。

音楽は、人間の心には最も深い交渉があるともいえるが、人間の真の魂とは何の交流もない。音楽が交流しうるものは、音楽という名の芝居、虚偽の遊戯にふける心であって、人間の自性の魂ではない。

なにも音楽というものを所有しなかった原始人らも、荘重華麗な管弦楽を楽しむ人らも、魂の音楽を聴くことについては何の差異もない。それればかりか、複雑怪奇な音楽を聞くことによって、人間の魂はより迷夢の雲に覆われ、苦悩し、汚濁され、堕落してゆくのみである。

もし音楽を人間の浄化のためとか、魂の向上に役立たせようとするならば、彼らはむしろ彼らの音楽のすべてを放棄し、森の中で小鳥のさえずりに耳を傾けるがよい。それ以上の何ものも人間は必要としないであろう。

森の小鳥の鳴き声、松風の代わりに玩具にも等しいピアノ、ヴァイオリン、チェロ等々の類をもてあそぶことはない。無理にソプラノだとかアルトだとかバスだとかを学ばなければ、歌は歌えないのでもない。

ウグイスの鳴き声とカナリヤの鳴き声の優劣を議論する必要はないのである。

一羽のウグイスよりも、二羽三羽の合唱がより高級な音楽となりうるのではない。人々が何百羽、幾種類かの鳥を集めて一大管弦楽を演奏する時、その音響の偉大さ、荘重さ、豪快さに感激するであろうか。ただ複雑と怪奇の中にうごめく人間の魂の苦悩の増大に圧倒されているにすぎないのである。

そして真実の音楽は人間の魂からかき消されてゆき、虚偽の苦渋の音楽のみが人間の心を奔浪し支配してゆくのである……」

「……芸術の道は一つであろう。もし音楽の道が踏み迷った邪道というのであれば、詩も文も絵画の道も……」

「表現された方法が異なるのみであろう。その根底に横たわるものは、心であり意志であり感情である。

一つの山を見ても、美しくも見え、醜怪にも見え、また崇高に豪快に俊厳に荒漠に見えるのが人間の心である。

心に描いた感情は詩にたくして歌うことも、画面に移して塗布することもできるが、人間は山の真姿を写すことはできない。

歌われたものは、描かれたものは、山の虚姿、虚想にすぎない。

何ゆえ虚姿、虚想と遊ぶ遊戯にふけらねばならないのか……。

もし山を讃える気があれば、筆を投げ捨てて山に帰り、もし描こうとするのであれば、画布を捨てて山の懐に抱かれるべきである。

もし素朴な百姓の姿が芸術として目に映るならば、百姓を画布に描いて眺めるよりは、自ら百姓となって鍬を手にすべきである。天真爛漫な児童の心を詩として歌うよりは、自ら児童の群れに入って遊ぶ姿こそ尊い。芸術家となろうとする邪気を捨てて、自らが芸術品となるべきである。描く人よりも描かれる人こそ尊い。描く者はすでに芸術の冒瀆者であり、描かれた時、芸術はすでに汚濁されるのである。

足下の野草は踏みにじって省みない女の子が、一枝の花を手折って名器に生け花の枝を競い、自然の美を摘出、強調して愛唱している姿は、ちょうど野山の小鳥を愛玩するといって、小鳥をかごに閉じ込めて省みないのと同様である。人は把握したのか、拘束されたのか……。

自然の中から一部を摘出し、強調して画布の上に描く者は、自然の中から無用の部分を取捨して芸術の粋のみを凝集させたのが、絵画であると言っている。

例えてみると、それは暗夜にさまよう盲人が拾った宝石である。昏迷の淵に彷徨する人間はいわば盲人となり、聾者となった人間である。そのような人間が自然の中に彷徨しても、もはや真の声を聴くことも、真の美を見ることもできない。昏迷の暗夜に放浪する人間が、かすかな心の灯をかかげて自分の周囲をおぼろげに照らしてみる時、ふとそこに浮かび現れた瓦石を見つけて驚喜し、宝石と信じ、その美を讃嘆して、詩とし、歌とし、絵として喜ぶ。

彼の得た美は極めて乏しいわずかな人間のなぐさめでしかない。だが、何ものを見ることも聞くこともできなくなった人間は、暗夜に見出したこの愚劣な瓦石の美しさ、喜びにも極めて強烈な感情を得、高価な芸術品と錯誤するのである。

人々は自然の中の一部を摘出し、人生の一面を強調し、あるいは、深く詮索することによって、自然のすべての美を凝集させ、人生のすべての価値を把握しうるかのように思っているが、小さく深く鋭く探究していった世界は、いわば自身を狭く小さな世界へ引きずり込んでゆく牢獄なのである。自然を把握する代わりに、自分を牢獄につないだのである。

自由の世界にあっては何の感興も持たなかった人間が、牢獄に閉ざされて後、はじめて窓外の桜花の一枝に感泣する。自由の時、人間の心は自由に羽ばたかず、拘束されてはじめて自由に羽ばたくことを熱望する。

人間は白昼にある時は美を見て美と思わず、暗夜に灯をかかげてはじめて美を知る。人間の芸術は牢獄の芸術なのである。

人間は牢獄の芸術を得て、より高く清浄な世界に飛躍したように思っているが、その実、彼はより低く、狭く、苦しい汚濁の世界に身を投げ入れておぼれきっているにすぎないのである。

彼は自然という素材の中から取材して、より清い詩を、より高い美を画布の中に現したのではない。美しく清い自然の肌に、墨汁を塗って汚したり、わずかに瓦石を拾って消え去った世界を追憶し、追想し、より清い、より高い芸術の世界の復活を盲目のまぶたに描こうと苦悩したにほかならない。

彼の苦悩、苦労は悲劇以外の何ものでもなく、したがって彼の絵を観賞し、詩を歌う人々は再び彼同様の昏迷の苦渋に幻惑されて無益な苦悩を苦悩する。

なぜ人間は白昼堂々と自然の中を跋渉し、その自然と人間の真底の琴線に触れ、その真姿に没入しようとしないのか。人々は芸術という色眼鏡を通して、小さな自我の窓からのみ自然を、人生を把握しようとするのである……。

人間はもはや、真に見ることも聴くことも、歌うこともできなくなってしまった。人はせめてもの慰めを幻影の芸術、牢獄の芸術の中に求めて放浪してゆくのである」

私は静かに瞑目して、困惑の世相に想いを走らせていた。

人間のみが万物の中で、芸術品を所有することができると人々は誇っていたが……。

老人は話を換えて言った。

「ここに精巧極まりない、人造人間がつくられたとする。

外観は全く人間と同様な柔軟で美しい肉塊でつくられ、その形は八頭身の美人であり、その頭脳には精巧な電子頭脳がおさまり、人間の意志、感情も電波として敏感に受信し、またその反応を五官に送信して、全く一人の美人と同様な動きや考えを表現しうるような人形を……苦労してつくったとする……」

私は心の中で、……すでにこのような人造人間の製造への努力は、科学者の手によって着々と進められ、すでに生命の創造さえ可能に近いと伝えられている現状を、思い浮かべていた。

「この人造人間は自然の景色を天然色写真として受像し、また映画の画面に映写するように、一枚の画布に絵具をもって再現しうることができる。

また、街の騒音を聴音器に捕えては、電子頭脳の働きによって、その音響は音楽的なリズムに改変され、構成されて、立派に五線譜の上に表現することができる。

もちろん、口と名づける拡声器からは、ソプラノもアルトもバスも、自由自在にスイッチ一つの操作で発声できる。

完璧な動作でピアノを弾き、舞踏し、あるいは茶の湯もたてるであろう……。

この人造人間のつくった絵画、音楽、舞踏は芸術といえるであろうか」

私はちょっと疑惑を残しながら言った。

「それは芸術とはいえないでしょう」

「しかし、この人造人間の描いた絵が名画と寸分の相違もない場合、その絵に同じ価値がないと断言できるであろうか。その完璧の発声法によりソプラノが、人間のソプラノより劣るように思うであろうか。ピアノの演奏においても同じことがいえる。

このすばらしい美人の人造人間を抱いてダンスをする男性は、何の感興もないであろうか」

しかし、それでも私は、

「人造人間の絵が、歌が、ピアノがどんな時にでも芸術的価値があるとはいえないように思う」

「なぜか、言うまでもない。人造人間であるからだろう。人間がつくったのではないからである。

ところがもし、人間がすでに本物の人間でなかったとしたら、人間の信じている芸術も、人造人間の芸術と同様の目にあうであろう。

もし、人間が人間の真姿を失って、偽物、虚偽の人間に転落していたとしたら、彼のつくった作品もまた偽物の芸術、虚偽の芸術となるであろう。

人間の認識が不可能であれば、人間は自己を認識することはできない。

自己の真の姿を知らない人間は、魂の抜けた人形であり、人造人間と何ら変わらない。

人間が、人間を見失い、単なる人造人間の地位に転落していたとすれば、その芸術もまた虚偽の芸術にしかすぎない。

真相に生きる人間が、虚偽の幻影を描いて何の芸術といえるであろう。

実在する真、善、美を描くものはなく、人造人間の思いつくまま、見るまま、聞くまま、心に浮かび消えゆくうたかたの泡沫を、ただ描きなぐって自己を慰めている。

芸術は、無目的、無方向であらねばならないという言葉のもとに……。

芸術は無目的でなければならないであろう。しかし、無目的とは、行く所を知らずさまよい歩く放浪の姿ではない。無目的という明確な世界に向かって、真剣な精進を指すのでなければならない。

人間はもはや、無、即実在の世界に飛び込んで見出される美と歓喜の世界を描きだす努力をしようとはしない。

自己の真の魂が、小鳥の中に飛び込んで、小鳥と共に歌い、一茎の花の中に飛びこんで知る花の美、自然の中の動物らと共に、躍動する生命の歓喜に打ち震えて踊ろうとはしないのである。

人間は未来において人造人間をつくるつもりでいるが、現在、この自分自身が人造人間と化している悲劇には気づいていない。

一度閉ざされた岩壁は、打ってもたたいても、もう何の音も発しない。天は無言である。人造人間にはもう何も聞こえない……」

老人は人間の芸術を否定し、人間をも否定した。そして飄々と森の中に消えていった。

認識

断崖に横たわる老松の根に腰を下ろしている老人。深淵に臨む岩上に座る私……。

仰いで四顧すると、連峰は遠く近くそびえたち、かすみは模糊として幽谷を閉ざしている。はるかに聞こえるものは、ただ飛泉奔瀬、岩峡をさく水声のみである。

諄々と説き、また説き去る。いく時間、経たのか、私はふと言葉のなくなった老人を見上げた。

老人は半眼を開いて、いつものように口もとに微笑を漂わせているかのようである。しかしまた、その広い額は、永い人類の悲劇を見続けてきたような深い憂いに閉ざされているようでもある。私は黙然として老人の言葉を再び追想した。

人類の不幸な歴史は、太古原人が智慧の木の実を盗食して楽園を追放されたという……実にその時から始まる。

我らの祖先である原人が地上の一角に立って静かにその周囲を見回しはじめた時、その時から人類の永遠に停止することのない悲運の歴史が始まる。

人類の歴史は何ゆえに不幸といわねばならぬか……。

岩角に腰を下ろした原人の瞳に映るものは、その周囲を取り巻く大自然の寂寞たる無言であった。また狂乱の怒濤であり、噴煙をあげて鳴動、地鳴りする大自然の暴威、その中に狂奔する野獣の叫び、暗黒の夜に入っても絶え間のない動物と動物の血生臭い弱肉強食の争斗であったであろう。

だが……人類は地上で唯一の、思索することの可能な動物であった……。

夕霧がひたひたと原人のねぐらの周囲に押し寄せる時、彼らは不安な面持ちでそれを眺め、おどおどとその付近を見回すのである。

不安の雲を払い除けようとして、彼らの手は無意識に打ち振られる。……その瞬間、彼は瞳の前を横ぎった自分の手を認める。彼は不審を感じて、その手を、指を、静かに凝視してみる。そして疑惑の瞳はさらにその腕に、肩に、また足に注がれる。やがて人間は己の肉体を不思議なものとして詳細に観察してゆくであろう。

彼らは自己の姿を凝視する。……そしてついに、彼らは自己の存在に気づき、自己を識る。……

それは人類にとって最初の、しかも恐るべき出来事である。野獣の瞳にも大自然の姿は映る。また自らの爪をとぎすます獣どもである。彼らは自己の姿を知る。……しかし思索することを知らない。思索することのない彼らは、自己を自己として認識しようとはしないのである。

地上の動物のうちでただ独り、人類のみが自己を識った。……恐るべきこの発見は、また人類にとって最初の、しかも最大の悲劇の出発点ともなったのである。

何ゆえに悲劇といわねばならぬか。

「自己を識る」それは人類と大自然との分離を意味する。

人類が自己の姿を振り返った時、その時から人類は大自然を構成する一部ではなくなり、大自然から離脱した孤独な孤児へと転落せねばならない。

原人は個であった。しかし孤独ではなかった。自然の原野を独り跋渉する原人の姿は個であり、その姿はあるいは孤独に見えるかもしれないが、心を持たない原人の心は孤独ではなかった。孤は孤なることを人間の心が識った時から、本当に孤独な孤となる。

原人の心は、原人の孤なることを識らなかった。その時には、原人は単に大自然の一部分にしかすぎず、大自然そのままのものであり、孤は孤のように見えて、その実、孤独な孤ではなかった。

原人が自己を自覚するということは、大自然の中から人間を摘出したことであり、その瞬間において原人は、自然と相異なったものとして対立する。自然は人間から遠ざかり、人間は自然から離脱した。大自然から離脱した人類は、また大自然から見捨てられた孤児ともならざるをえなくなった。

人類がひとたび大自然の中において自他を弁じ、自然にそむき、大自然から離反した一個の意志の所有者となったその瞬間から、人間はもはや以前のように大自然の息吹きをそのまま己の息吹きとし、大自然の生命を己が生命とし、自然の流転と共に流れてゆくことはできなくなる。彼らは孤独な自己の立場から遠く、これを眺めるほかはない。

自然はもはや以前のように何ものをも、ささやいてはくれない。人間は、大自然を客観的に眺めなければならない冷やかな動物となり、そして孤独な立場において生きてゆかねばならない動物となったのである。自分の眼で物を見、自分の耳で声を聞き、自分で生命の糧を探して歩き、自分で憩いのねぐらをつくり、そして自分の手で歓びを求めてゆかねばならなくなる。しかも人間は自己を大自然の中から分離させたと同時に、他の動物や植物、地上のあらゆるものたちを分裂し孤立させたのである。彼らはもはや同一物体でなくなった。

彼らの眼に映る大自然の静寂は、無言と退屈以外の何ものでもなくなり、個々に分立させられた動物と動物の争いは、弱肉強食の血みどろの争闘であり、恐怖の世界としか映らない。人類はもはや以前のように、大自然の静寂の中に神の平和と真の憩いを見出すことはできず、動物と動物の激しい生活の中に、神の摂理と躍動する生命の歓喜を知ることもできない。人間はやがて自然の寂寞と退屈に苦しみ、自然の暴威の恐怖、激烈な生存競争の不安におののかねばならない動物となってゆくのは当然であった。

人類が自らの思索によって大自然より分離、離脱して自らの立場を獲得したと信じた時は、実に人間が真の歓びと憩いの生活を見失い、地上の哀れな孤児へと転落していった秋であった。彼らが自然の平穏を退屈と感じ、静寂に寂寞を感じ、躍動の姿を争闘と眺め、不安は恐怖へと拡大し、やがて安息と歓びの生活を自らの手で獲得せねばならぬと考えはじめるのは必然の運命であった。そしてその時から人間は、永遠にちょっとの休息もない悲劇の生活へと突入してゆかねばならなくなった。

常に何ものかを求め、常に何ものかに悩み、無限に拡大して止むことのない人類の苦難の道へと……。

再び帰ることのない懐、再び帰ることのない道、人間は永遠の放浪児として出発した。

人間が自分を知る。大自然から自分を分離し、摘出して、自然に対立する自分の姿に気づいた時、ちょうど赤子が成長するに従って母を知る過程と同様に、まず知らねばならぬことは、いや、必然的に陥落している立場は孤独という立場である。一度母を知り、自分を知った赤子の泣き叫びは、もはや本能的に母の乳房を求めて泣く叫びではなく、それは孤独を知った、いや、孤独となった赤子の寂しさを逃れようとして母の姿を求める悲しき叫びであることに気づかねばならない。

密林に吠える野獣も孤独であるといえば孤独である。

梢にさえずる小鳥も孤独であるといえば孤独である。

しかし、彼らは孤独であっても、真に寂しさを知る孤独者ではなかった。一塊の石は孤であっても真に孤独とはいえないであろう。

孤独は孤独を知った時から真に孤独となる。

人間が孤独となったのは、人間が自然から離脱した時、自分の姿を知った時、自己を識った時、そして自分の姿が大自然とは別ものの個体であり、孤独な姿と見たその時から真に孤独な動物、孤独を知る動物へと転落してゆかねばならなくなった。

大自然の意志のままに生まれ、生き、山野を跋渉する原人には、小鳥のさえずりはそのまま純粋な彼の心に打ち震える妙音となり、野獣の吠えるのも大自然の意志として、原人の心を奮い起こしたであろう。しかし、ひとたび大自然の意志とは別個の意志を所有するに至った人類の耳には、その耳を傾けても小鳥のさえずる声を聞くことはできない。野獣の雄叫びに耳を澄ましても、大自然の意志を汲み取ることはもはやできない。

屹立する山嶽の姿、去りまた来る白雲、幽谷に湧く煙霞、渓流のせせらぎもまた無言である。四季春秋の移り変わりにも、人間は独り法外の孤独さを味わわねばならない。

寂寞は空虚となり、空虚は退屈となり、孤独はさびしさとなり、さびしさは不安の雲となって広がりゆく。孤独の不安、孤独の寂寞ゆえに彼らはやがて何ものかに頼り、何ものかにすがり、求めて、さまよわざるをえなくなる。

また孤独な人間は、自然が人間に与えた生命を、自分が所有する生命と思い違いをした。そしてその時から、自己の生命を自分の手で守らねばならない弱者へと転落していった。

しかも、独りで生きてゆかねばならない人間は、あまりにも非力であった。

眼前に展開される自然の猛威の前に、日々戦々恐々として震え、野獣の肉迫は自己の生命に対する戦慄の恐怖となった。

彼らが寂寞と退屈の世界を脱出し、生命の恐怖から逃避しようとしてさまよい歩くに至ったのは、また当然の運命といわねばならない。

原人はついに山を降りはじめた。水が低いところに流れるように、彼らは徐々に同類を求め、同類を慕って漸次山を下った。

暗夜に灯を求めて集まる蛾のように、彼らは一つの灯を求めて山から谷から徐々に集合をはじめた。彼らは、彼らの集いに何を期待したのであろうか……。

彼らは果たして、彼らの集いによって寂寞と退屈を打ち破って、楽しい慰安の生活を獲得したであろうか。また自然と野獣の脅威から逃れて、安息のねぐらをつくれただろうか……。

彼らは相慕い、相集まることによって、また一つの灯を得てこれを囲んだ時、彼らは慰安と、安息の生活を得たように思ったであろう。しかしそれは、人類の犯した第二の錯誤でしかなかった。人間が孤独を感じ、さらに孤独を逃れんとする時、人間の心はさらに深い孤独感に襲われねばならぬのである。

彼らが一つの灯を囲んで集い寄った時、彼らは孤独を逃れ、寂寞を脱し、不安を解消したように思う。だが彼らが灯を囲んで一つの光明を得たと思った時には、さらに深い漆黒の闇が彼らの周囲を取り巻くものなのである。

孤独を逃れようとすれば、真の孤独が迫る。寂寞のさびしさから人間が脱出したと信じる時、その時から人間の上にはさらに深刻な寂寞がひしひしと迫ってくるのである。

彼らはまた同類の協力によって、外敵の恐怖からわずかでも逃れたように信じるが、それは瞬間の幻影に終わるべき必然的な運命をもつものである。なぜなら、彼らはさらに大きい外敵の恐怖を獲得したにすぎないからである。

人間は集い合うことによって生命の不安を除き、外敵の脅威を軽減しうるように思う。しかし生命の不安は、人間が生命の創造者であり所有者であると考えた時から発生した。外敵の脅威はまた動物と動物の争闘から出発しているように見えて、その実、争闘から発生するものではない。争闘はすなわち脅威とはなりえない。争闘は人間が自然から分離し、他の動物と対立した時から発生した。動物と他の動物を、別個の動物であると人間が分別した時に、動物と動物は相対立した争闘者となり、そして争闘は真に争闘として人間の眼に血生臭く映った。人間が自己の生命を自己の所有物と信じた時から自己を守らねばならぬ不安の芽が萌ざし、他の動物の脅威によって人間の心はおののいたのである。争闘の恐怖は、争闘を争闘と思う人間の心から出発し、発生する。弱肉強食の闘争を弱肉強食の死闘と考えた人間の心から出発した。

人間が争闘を争闘と見る限り、人間が弱肉強食と考える限り、彼らの世界から争闘による恐怖は解消するものではない。

人間と野獣の争闘を争闘であるという時、一匹のカエルが一匹のハエを捕食する姿もまた争闘といわねばならない。人間が野獣との闘争におののくならば、一羽の小鳥が一匹の青虫を啄食する姿も恐るべき悲惨事であらねばならない。

人間が野獣との争闘を嫌悪し、その脅威から逃がれようとすればするほど、人間の心の不安は増大し動揺し、彼らの眼にはあらゆるものが、血みどろの争闘として映り、不安はさらに恐怖へと拡大する。

原人が同類の力を借りて外敵に当たる時、さらに集合の力を頼んで外敵に当たる時、彼らの心は力を渇望する弱者へとなり果て、恐怖の幻影はさらに拡大強化されているのである。

人間は不安を解消しようとして、ますます不安の世界に迷い入り、恐怖から脱しようとして、ますます恐怖の世界に没入しつつあることに気づかないまでである。

一歩泥沼に足を踏み入れた人間は、脱出しようとすればするほど、もがけばもがくほど、ますます深く沈没してゆかねばならない。

母の胎内にある胎児は生命の不安も、もちろん孤独感も、恐怖感も抱かないであろう。しかし、ひとたび母の胎内から脱出して独立した人間となった時から、彼は疑惑の瞳をもってその外界を眺め、やがて彼らは自己を知り、漸次、不安、孤独、寂寞、恐怖など諸種の所有者となる……のと同様であろう。

しかし、ひとたび分離した幼児は再び母の胎内に帰ることはもちろん、その過去を振り返ることも、また追慕することもできないのと同様、ひとたび大自然から離脱した人類は、その寂寞と恐怖の世界から反転しようとはしない。また、なぜに寂寞と恐怖を人間のみが特に持たねばならないかを考えることもなく、いかにして寂寞と恐怖が拡大するものであるかを知ろうともせず……反省も復帰も不可能な立場へ転落しているにしても……彼らは躊躇することもなく、ただただ一途に前進するのだ。

孤独は集い合いにより、寂寞と退屈は慰安と慰めにより、恐怖は自己の力の拡大によって消滅するものと信じて前進する……。だが、それは彼らの錯誤を拡大し、彼らの悲劇をさらに深刻化させるにすぎない。

彼らは集い合うことにより、わずかの極めて瞬間的な愉安と安心を得たであろう。しかし彼らはその代償として永遠に脱出のできない不幸へと堕落する。

人間は集い合い、そして接触し、結びつき、あるいは協力することを知った。彼らはいよいよ独自の人間としての生活の営みをはじめたのである。彼らは結合により愉安を知り、歓びを感じ、あるいは協力によって外敵を防ぎ、不安を逃れたという。しかし、人間が結合による歓びを認識したということは、同時に離反による悲哀を認識したことを意味し、協力による力の獲得は同時に孤立による不安の認識、弱者への転落でもあったことを忘れてはならない。

不幸にも人間の集いは同類の集合となりえても、他の動物などのように同一物への集合とはなりえない。

人間は同類であっても、個々を認識した彼らはもはや同一とはなりえない。人間は人間が大自然の母胎から分離した時から、永遠に個々の思いをもたねばならない孤独者であり、彼らの心は常に震えおののき続ける弱者なのである。

そのため彼らの集いは、接触と同時に離反と反発、歓びと悲哀、強者と弱者の悲劇的な苦悩を背負った集いにしかすぎない。

木の葉のそよぎとともに心は騒ぎ、立つ波とともに心は常に動揺せねばならないのである。

たとえ彼らが団結の力によって一つの外敵を消滅したとしても、外敵の幻影というものが彼らの心から消え失せるものではない。彼らは新たに彼らの周囲の者に、また彼らの仲間をも疑惑をもって見なければならなくなる。疑惑は疑惑を生み、疑惑は不信となり、不信は離反となり、敵視となってゆく。彼らは一つの敵を逃れて新しい敵をつくり、一つの不安を除いてまたさらに深い不安を抱かねばならなくなる。彼らの安心はさらに大きい不安の種子でしかない。

彼らが寂寞を慰安によって回避したと思う時、同時に彼らはさらに強い慰安を必要とする心の持ち主となり、必要は焦燥となり、焦燥を逃れようとして人はさらに楽しみを求め、さらに快楽を求めてゆく……が、他人から歓びというものは借りられない。借りものの歓びは空虚な幻影でしかなく、幻影は当然、悲哀に終わるべき運命をもつ。

彼ら人間の世界では、しょせん歓びと悲哀は同一物であり、安心と不安は表裏一体のものでしかない。歓びを獲得すれば同時に悲哀が増大し、安心を確立すれば、さらに不安が蓄積される。相殺して彼らは何ものをも獲得しえない。獲得に狂奔する彼らに与えられるものは、単に労苦と困惑のみである。

彼らは歓びの加算は歓びの増大を意味し、歓びの獲得と安心の確立によってのみ、彼らにつきまとう悲哀と不安が打ち消されるものと確信するが、彼らの歓びは悲哀の別名でしかなく、安心は不安への第一歩であるにすぎないがゆえに、彼らが信じる歓びと憩いには、常に悲哀と不安の幻影がつきまとっている。

彼らが歓びの獲得に狂奔すればするほど、悲哀の陰影もしつこくついて離れない。彼らが不安を逃れようとして、もがけばもがくほどさらに大きい焦燥と恐怖に悩まねばならなくなる。いや、彼らは不安を逃避しようとして不安を深刻化し、安心を獲得しようとしてますます大きな恐怖のとりこになる。

彼らは真の歓びがどこに発生し、真の憩いがどこに復活するかは考えず、虚偽、影の歓びの獲得に向かって狂奔して永久に止まることをせず、虚偽の憩いに幻惑されて、永遠に溺沈の淵からはい出ようとはしない。

自然から離脱した乳児、人類は仲間を呼んで集合した楽しみにより、寂寞を集合の力により、不安を解消しうるものと信じた。だが、彼らが結局得たものは、幻影にすぎない一時的な歓楽であり、その後にはさらに深い寂しさと悲哀が残されてゆく。彼らが外敵の不安から逃避したと信じた時、彼らの心は真に外敵の恐怖におののく弱者となり、疑惑は疑惑を生んで新たな外敵をつくり上げてゆく。彼らのかつての仲間にも分離と軋轢が開始されてゆく。

集合から分離へ、必然的な運命とはいえ、人類はその不幸な運命を何ら反省することもなく、ただしゃにむに前進する。たとえ分裂の瞬間には疑惑をもち、あるいは躊躇することがあったとしても、一度木を離れたリンゴは永遠に堕落する運命をもつ。彼らは分裂、離散を乗り越えて、さらに次の集合の強化、拡大に向かって邁進する。

集合した人類は、必然的に組織化された団体生活へと移行する。集団はさらに結合分裂を繰り返しながらも、漸次統括されて複数の国家を形成してゆく。ともに人類の獲得優越への野欲はますます進展発達し、権謀術策、羨視羨望は地上に充満し、正邪、喜悲、愛憎は巷に狂乱する。個々の争闘は、集団の争闘に変じて暴威をふるい、さらに国家と国家を巨大な戦禍のるつぼに引きずり込んでゆくのである。

神の園から人間が自ら脱出して獲得したものは何であったか。ただただ孤独、悲哀、寂寞であった。そしてその心に芽生えた野望のゆえに背負わねばならなくなった労苦の世界。そこは、醜悪な権謀、傲頑、羨視、愛憎、邪悪が渦を巻いて氾濫する世界であった。人間には最後の反省の秋が来ているのだ。人間復帰への道はどこにあるのか……。

原人らの世界では、歳月もなく、四季春秋の区別もなかった。ただ悠久の春のみがあり、咲きほこる花、香りに包まれて人間は無限の生命を享楽することができた。野山に実る穀物、果実は彼らが食して余りがあった。森にすむ鳥も野に遊ぶ獣も、自然に繁殖して互いに嬉々として群れ遊んでいた。

泉のように乳と蜜の流れる丘は、平和な人類安息の場所であった。そこには何の不安もなく、労苦もなかった。

何の野望も欲望も持たない原人らの間では相争うべき何ものもなく、ただ愛と歓喜の法悦のみがあった。

だが、ひとたび自己を振り返り、疑惑の念を抱いて山を下り、集い合った人間の世界には永久の春の代わりに、四季の春秋の激しい移り変わりがあった。寒暖を知るようになった人間は、時を惜しんでササの葉を編み、獣の皮をはいで衣服をつくらねばならなくなった。また、夏の酷暑を避けるためにカヤをふいて小屋をつくり、冬の寒冷を逃れて洞窟に隠れ、薪を集めて燃やさねばならなくなった。彼らはまた額に汗して土地を耕し、種子を蒔き、わずかの穀物を得て運ばねばならなく

ご購読ありがとうございます。このカードは、小社の今後の出版企画および読者の皆様のご連絡に役立てたいと思いますので、ご記入の上お送り下さい。

〈書　名〉※必ずご記入下さい

●お買い上げ書店名(　　　地区　　　書店　)

●本書に関するご感想、小社刊行物についてのご意見

※上記をホームページなどでご紹介させていただく場合があります。(諾・否)

●ご利用メディア	●本書を何でお知りになりましたか	●お買い求めになった動機
新聞(　　　) SNS(　　　) その他 メディア名 (　　　)	1. 書店で見て 2. 新聞の広告で (1)朝日 (2)読売 (3)日経 (4)その他 3. 書評で(　　　紙・誌) 4. 人にすすめられて 5. その他	1. 著者のファン 2. テーマにひかれて 3. 装丁が良い 4. 帯の文章を読んで 5. その他 (

●内容	●定価	●装丁
□満足　□不満足	□安い　□高い	□良い　□悪い

●最近読んで面白かった本　(著者)　(出版社)

(書名)

㈱春秋社　電話 03-3255-9611　FAX 03-3253-1384　振替 00180-6-248
E-mail : info-shunjusha@shunjusha.co.jp

郵便はがき

料金受取人払郵便

神田局承認

5054

差出有効期間
2026年7月31
日まで
（切手不要）

101-8791

965

千代田区外神田
二丁目十八－六

春秋社

愛読者カード係

お送りいただいた個人情報は、書籍の発送および小社のマーケティングに利用させていただきます。

(フリガナ) お名前	歳	ご職業
ご住所 〒		
E-mail 小社より、新刊／重版情報、「web春秋 はるとあき」更新のお知らせ、イベント情報などをメールマガジンにてお届けいたします。	電話	

新規注文書（本を新たに注文する場合のみご記入下さい。）

ご注文方法 □**書店で受け取り** □**直送(代金先払い)** 担当よりご連絡いたします。

地区	書名		
			冊
			冊

なってゆく。

人間は鳥獣を追いかけてこれを撲殺し、地上を弱肉強食の巷と化し、木を切り、草を刈る労苦の世界へと自らを沈めていった。友を誘い他を振り返ることによって、彼らは他を襲って略奪することを知り、また隠匿せねばならなくなった。そこには羨視が生じ、羨望は邪悪の心を誘って憎悪の念を燃やすに至る。かつて乳と蜜の流れた丘も、人間の醜い争奪の修羅場と変貌した。

大自然の懐から転落した人間は、再び復帰することは許されない。にもかかわらず、人間は何ら反省することも、神に祈ることもなく、ますます苦悩の世界へと突進してゆく。

彼らの集いが村となり、村が街となり、国家となり、漸次拡大されてゆくに従って、人間の世界はもはや救うことのできない邪悪の住処となる。

獲得の野望のために強力な暴力が用いられるようになる。彼らは地を掘って鉄を求め、武器としてこれを使用するようになる。集団の力を動かすために、醜悪な権謀術策が弄される。数多くの人間を統帥するためにつくられた強大な権力が、人間を支配する。そこには屈伏と反抗の炎が燃え広がる。

その頃には、人々は土地を分割して耕作し、囲いをめぐらして他人を近づけない。そこでは足下の草花一つ、一個の果物も自由に採ることは許されない。

森の木を切り倒して、石を砕いて堅固な家が建てられ、城壁が高く築かれる。略奪、争闘の繰り返される地上は次第に荒廃してゆき、食物は欠乏してゆく。

やがて人間は東奔西走して食を集め、衣服を探す狂態を演ずるようになる。労苦の世界に寸秒を惜しみ、争うようになった人間にはもはや一時の安息もない。辛労の果てに歓楽を求め酒色にふけるが、それも次の瞬間には悲哀と愛憎に苦悩せねばならなくなる。

心気は乱れ、身体は憔悴して死の恐怖におののき震える人間は、常に何ものかを求め、何ものかに頼るが、彼らに救助の手を差し伸べる何者もいない。人間は次第に何ものをも信じることができなくなる。

怒号、罵声が乱れ飛び、あらゆる罪悪が洪水のように氾濫する。

人間の終末が近づいているのだ。

地上では最後の血の殺戮の準備が着々と整えられてゆくのである。

智慧

ある春の日のことであった。丘の上の桜の根元で、老人は村の子供らに取り囲まれて、童話を話していた。

「馬鹿な国」という話で、最初馬鹿な国の百姓らを支配し嘲笑していた利口な国の人らは、戦争でみな亡んでしまい、馬鹿な国の百姓らのみが地上に残るという話であった。

子供らが最後の歓声を上げて離散した後には、ただ静かに桜の花びらが、老人の回りに二つ三つと散るばかりであった。

老人は満足そうに軽く眼を閉じて、木の根元にもたれていた。私は、先ほどの老人の話を聞くともなく聞いているうちに、とらわれていた疑惑について老人に話しかけた。

「ご老人は智者を遠ざけ、愚者を愛する。人は智恵を尊ぶのに、なぜ智恵を疎んぜられるのか」

老人はしばらく黙然としていたが、やがて静かに強く話しはじめた。

「私は智慧を軽蔑はしない。いや、誰よりも私は智慧を愛している。しかし私はお前らのいう智恵は憎む。誰よりも激しく憎悪せずにはおれないのだ」

「私達の智恵と老人の智慧とどこが相違するのか」

「私はいわば不智の智慧を愛し、お前らは智恵にして不智なるものにおぼれている」

「不智の智慧とは」

「叡智ともいうべき真の智慧は不智、無智にしてなお明々白々となるものであり、虚偽の智恵は知り明らかとなるように見えてその実、不知、不明に終わる結果となり、無益に人を惑乱させるにすぎない。

人々の尊ぶという智恵はいわば分別智であり、我の愛するはいわば無分別の智慧である」

「我々の智恵は何ゆえに不知、不明に終わるのか。何がゆえに分別して智慧とならず、無分別にして智慧となりうるのか」

「智恵は知に出発する。しかし、人間は知るということが可能なのであろうか。本当に知りえたのか……人間の獲得した智恵の諸製作物は、人間の知の可能性を立証して余りあるものと人々は信じて何の疑いもないが……。

人間は真実知りえたのであろうか……。

人々が知るという立場において、知りえたという過程方法において、さらにまた獲得した智恵の価値、目的において人間は何の誤信も、錯誤も、錯覚も犯してはいないであろうか」

「ご老人は人間の知を不可とし、人間の認識を否定されるのか」

「人々は何気なく、知るという。また知ったという。しかし、人は不知の知をもって知と錯覚しているにすぎない。人々が知ったという、その時、その瞬間、その人はどんな立場に立っていたか。知ったというその時、彼の踏み出した第一歩は何であったかを、人々は深く反省してみたことがあったであろうか。

人々は知るというその瞬間において、その立場がどんなものであったかを考えることもなく、また踏み出した第一歩が、どんなに重大な結果をもたらすものであるかも反省しない。しかし、これほど人間にとって最も不幸な、最も重大な事柄はないのであるが。

彼らは知を可能とし、知を信じ、知を求め、智恵を拡大して停止することはない。しかし彼らは、彼らの知るというその第一の立場から、何を知りえていたであろうか。

彼らが獲得した智恵はどんなものであったか。

人々が知るというその過程において、いかに錯誤を犯してゆくか。人々が知るという過程を今一応たどってみよう」

老人は、何気なく足下の雑草の一つの花を手に取って話しはじめた。

「生まれて間もない赤子に一茎の花を指し向ける時、赤子はこれを知ったというであろうか。

赤子もその瞳に一茎の花を捕えるであろう。科学的にいえば、この花の紅や緑の光線が眼球に入り、網膜に写影され、その刺激が視神経に伝えられ、中枢神経へと伝達されるとでもいうか。とにかく視覚が働いた時、赤子は花を知ったというであろうか。

「否」である。赤子がこの花を知ったとはいえない。知った、視覚が動き、知覚した……それは確かな時でも、知ったとはいえないであろう。赤子がこの世に生まれ出て、まだ他の何ものをも見ていない以前である時には一花を知覚したとしても、他のものと識別することを知らないがゆえに、それが一茎の花であるとは知りえない。ただ単にその瞳に映ったにすぎない。

それが一つの植物であるなどとは夢にも考えない。第一考えようにも赤子の頭脳はただ単なる白紙にすぎないがゆえに……ただ無色、無臭、無感の白紙に一茎の花が映ったにすぎない。

湖水の面に白雲が映っていたとしても……湖面は白雲を知ったとはいえないと同様に……。

白紙の頭脳が、一茎の花を知るというに至るまでには、過去に他のいくつかの何ものかがしばしば投影されており、それらと、さらにその後に投影された一茎の草花の間に何らかの差別、差異をつけえた時にはじめて、紅い一茎の花に気づく、注意する、視覚する、知覚するという事柄が発生するであろう。それはちょうど生まれながらの盲人が、その瞳の内は暗黒であるということには気づきえない暗黒というものが、どんなものであるかを知ることはできないのと同様である。明るさを知る者のみが、まぶたをふさぐことによって暗黒というものがどんなものであるかを知る。白を知ったもののみが黒色を知り、紅色を知るのである。

赤子が初めて瞳を開く時、一花を見ても一花に気づかない。知ったとはいえない。視覚はあっても視覚を知覚とする意識作用がない時、すなわち赤子がまだ心の所有者となっていない以前においては、赤子は花を認知することはできない。

この赤子も成長するに従って、知りうるようになるのはいうまでもない。多くのものが、たびたび繰り返し繰り返し瞳に投影されている間に、明暗の変化、形の差異などによる刺激の差の集積が視覚、感覚を呼び起こし、さらに知覚に発展、飛躍した時にはじめて可能な事柄となりうる。

しかし、なお人々が一茎の花を知ったというまでには、いろいろな段階がある。

赤子が無心に手を振り動かしている間に、偶然その花に触れることがある。また無心に握ってみることもある。たび重なるにつれて、赤子は意識的に触れようとして触れ、また握ろうとして握るという時がくるであろう。とにかく赤子は次第にたび重なる経験、手の感覚などによってその堅さ、軽重、距離感などの感覚をおぼえるようになる。また花を唇に近づけることにより、あるいは鼻に近づけることなどによって、その香り、味などを識別するようになる。

もちろん、この間には長い時間と経験が必要である。いろいろな物、いろいろな場所における経験が、ようやく一つの空々莫々とした世界から一つの特殊なものを摘出し、あるものを凝視して他のものを離脱させ、一つのものを分離して二つにするなどの、すなわち識別感となってゆく。

ぼんやりとした世界の中に、最初は形や色や、そして次第に場所の観念、さらに時間の観念が形成されてゆき、一つの事物に対する分別知という人間の所有物が形成されてゆく。

赤子が幼児となり、子供となってゆくに従って時間と空間を基調としてあらゆる事物を識別し、分別し、認知してゆくようになる。人々はこの時になってはじめて、人は一茎の花を知ったというようになる。ともかく人間の「知る」はこのようにして成立獲得される。

しかし試しに、この時、私が「では人間は真に花を知ったのか」と質問すると、人は一瞬動揺し、反省する。そして言うであろう。

「この花を真に知ったとはいえない。ただ認めたという程度にしかすぎない」と。

そうだ、人間の「知る」にはさらに深浅があった。

大人は子供の認知をもって浅薄な認識と考え、さらに深く知らねば真に知ったとはいえないと考える。そして、大人はより深く知る。より正確な認識をうるためには、どうすればよいと考えているであろうか。人々は普通、次のように「知る」の度を深めてゆく。

一茎の花は茎、葉、花に分けられる。花はどんな形をもち、花弁がいく枚あるとか、めしべがどんな形をしているとか、またその機能はどんな役目をするとか、さらにその葉の緑は、花の紅は何によるものであるか。緑は葉緑素によるもので、葉緑素は空気中の炭酸ガスと日光を利用して同化作用を営み、澱粉を製造する働きをするなどと考察し、研究していって、いわゆる知識の度を深めてゆく。

このように知識が深まり広くなってゆくに従って、人間はこの花についてより多くを知った、この花を真に知るということに近づいたと信じている。

赤子よりも幼児は、幼児よりも子供は、子供より大人は、また普通人よりも科学者は、花についてより多くの事柄を知っているものと考える。そしてより知識の深く高いものほど、より真に知ったものと信じて疑わない。人間はおよそ以上のような順序と方法で、一つの花を知り、万物万象を認知してきた。いわゆる人間の認識はこのようにして成立した……。

そして、そこには何の疑念もない……。

人間はまず知覚し、識別し、分別し、分析し、解剖し、破砕し、あるいは結合して、その「知」をますます確実にしたと考える。そしてその方法に、結果に何の間違いもないと信じている。

しかし、このようにして知ったという人間の「知る」に何の間違いもないのであろうか。このような方法をもつ人間の認識は正確で、また高く深く、尊いものであろうか。果たして人間は知りえているのであろうか。そもそも人間は知りうる動物なのか。人間に認識は可能なのであろうか。幼児は花を知ること少なく、子供はやや正確に、科学者は確実に知ったと考えているが、果たして真にこの花を知るものは大人でありえようか。

赤子は、その瞳に投写されるあらゆる外界と同時に、その花を知覚する。緑の葉、紅い花、青い空、そよぐ風。赤子の瞳は緑は緑、紅は紅としてただ単にそのままを見る。赤子は無心に知覚する。知ったという言葉は話さないが……それは知覚以前の状態であるがゆえに……ともかくそのままの姿を、そのまま心に映す。物心合一の世界は、ただ赤子の上にのみ可能である。

子供はどうして知ったか。子供はまず花を目指して、花に走り、花を手にし、花は紅いと言った。子供はすでに赤子とは違った重大な第一歩を踏み出している。

花へと走った時、子供はすでに青い空は見ていない。花を手にした時、子供は大地を忘失した。花は紅いと言った時、子供は形において花弁と茎を、色において緑と紅を区別し、分離し、分別して、ただ花弁のみを目指して紅い花と叫んでいる。

とりもなおさず子供が花を知ったというのは、子供はただ一つの花を大地や空から取り出し、区別したことを意味し、走ったことは空間、場所の観念がすでに形成されていたことを意味する。

子供は意識的に頭を働かせ全体から特殊を取り出し、全般的から局所的、部分的なものに注意を指し向けた。すなわち子供の「知る」は、子供の認識は、識別と分別とにもとづいて成立し、その花を知ったというのである。

人々のいう意識を働かせて知った智、分別による認識は真実の智、認識となりうるか。

人がある一つのものに対して意識を働かせた時、人々は忘れてはならない。それは特殊なもの、局所的なものに、人間の注意が向けられたことを意味し、その瞬間に人は全面的全体的なものを忘却しないわけにゆかないという事実である。一茎の花を見る時、人は空を見ず、花を見れば葉を見ず、葉を見る瞬間に花を見ることはできない。全体を見ては局部が見えず、一部を見ては全体を見ることが許されない。人間の意識作用は常に有限物、局所的に限定されるがゆえに、人間の「知る」は常に一部分、一局所を知ったという「知る」にすぎない。

より深く知るというのは局所的で微細な点に、より深く侵入したというにすぎないのであって、より広くとは、より多くの面、角度から、すなわちより小さい局部、細分化された面をうかがったにすぎない。

人間は全体を完全に知るという方向に向かっているように思っていて、事実は全体でなく細分化された、いわば全体からますます遠ざかり、全体はいよいよ分らなくなるような方向へ向かって、人間の知は追い込まれてゆきつつある。

ここに映画のフィルムがあっても、このフィルムを映写機にかけてスクリーンに映すことを知らない人がいて、この映画を鑑賞しよう、知ろうと努力したとしたら、それは滑稽であろう。人間の知ろうとする努力は、ちょうど彼の無駄骨に等しい。

彼はフィルムの一コマを切断して、よく眺める。

彼はフィルムの一部分を知ることによって、私はこの映画を知ることができるであろうと独り言を言ったとする……。

しかし、彼はフィルムの一コマの中の人物が、動いているのかいないのか、帰っているのか行っているのかを知ることはできない。彼は切断されたフィルムから、その映画の物語の筋書きを知ることはできない。彼がいくらこの映画の一コマ一コマの細分の研究を進めようとも、その全体を知ることは全くできない。彼はこの映画の出発点も、結果も原因も、その目的も、知ることは全く許されないであろう。むしろ微に入り細にわたって一コマ一コマを研究するほど、彼はこの映画のおもしろさ、美しさから遠ざかるであろう。

フィルムの一コマで、断崖の中途に一人の男がいたとする。ある人は、彼は断崖を登っているのだと考える。しかしこの映画では、彼は山を下っていたのかもしれない。彼の額に汗があるから、彼は苦しいのだと思うかもしれないが、彼は暑くて汗を流し、谷底に清水を求めて下りつつあったということもありうるのだ。

この映画の筋書きを知らないでフィルムの一コマ一コマを鑑賞し考察することは、人間に多くの錯誤を犯させるのみである。

局所的、分析的人間の知というのは、フィルムの一コマを知りうる知にすぎず、常に錯誤に満たされた不完全極まる知にすぎない。

ところでこの局所的、部分的、有限的な知が常に不完全な知であり、不完全な知を集積、体系づけて成立する知識もまた不完全を免れえないにもかかわらず、人々がよく錯誤することは、たとえ不完全な知識でもこれを集積してゆけば漸次、正確、完全なものに近づくものと考えていることである。

すなわち人々は一つの花もいろいろな立場や角度から観察し、考察してゆけば、人間の知識は次第に深く広く蓄積されていって、人間は完全に花を知ったという時がくるに間違いはない、少なくともそれに前進、接近するに違いないと信じているのである。

大人は、子供よりもより正しく知る。さらにあらゆる方面から、あらゆる手段をもって観察し、研究していって得た知識を蓄積すれば、人はやがて花を知る、正しく完全に知る秋がくるものと信じている。

しかし、ただ単に自然科学的立場から見たこの花のもつ真理についてさえ、果たして人間は完全に解決し知りえたという秋がくるであろうか。一花の生物的、形態的、生理的、機能的、また物理的、化学的研究が深くなるに従って、科学者は一花のもつ科学的研究題目が無限に拡大されてゆくのに気づくであろう。すなわち一花の中にも無限の未知が含まれ、完全に一花を知り尽くしたという秋がくるものではないことは、どんな科学者も否定しないであろう。ただ一つの花弁の中の原子とか、電子の構造、結合、破壊とかの細部に頭を突っ込んでゆけば、問題は無限に精密、複雑化してゆく、そして深く研究した科学者ほど「自然は神秘だ」とか「自分の得た知識は実に浜の真砂のただ一つにすぎない」と嘆息するようになる。

ともかく、一花の中に含まれるものは無限である。無限に対して人間の知識は常に、大海の一滴の水にしかすぎない。一滴を知るものは一滴を知らないものより、二滴について知るものは一滴を知るものより、より大海、大洋について知ったということが……果たして正しいことであろうか。

より深く知ること、より多く知る、そしてそれを蓄積統合することが、正しい知識を獲得する道であると信じているが、このような知識の集積が正しい認識への方法となりうるものではない。

人間の「知る」は分別的、分析的であったということを繰り返し考えてみよう。科学者が一花を知ろうとした時、必ず彼は花と茎と根を区別して観察をはじめる。さらに花は花弁とガクとおしべと何々と、また葉は表皮と、内部組織とに分けて研究を進める。組織からさらに細胞の研究へ進み、細胞から原形質、核、染色体などの研究へ、また原子から、電子学的研究へとますます微に入り細にわたった研究へと進み深められてゆく。そうして彼らは、この細部にわたった微細、精密な研究の結果を総合、統合すれば、完全に花を知ることができるものと考えている。一つのものを二個に分け、二個を四個に、さらに八個にと細分し、その細分したものを研究し、研究の結果を集合すれば元の一つの物を知ることができると。

だが、ここに一つの宝玉があるとする。この玉を一度破砕した時、二つの破片を結びつけても、もはや元の宝玉とすることはできない。いかに上手にくっつけても、接着剤という異物の混入した玉は元の玉ではない。一度傷つけられた玉は、永遠に元の完全な玉とはなりえない。玉を二個、四個に、さらに微細な粉末として、その粉末をどんなに研究したところで、元の玉の美しさを知ることはできない。

一度むしり取られた花弁は、もはや元の花の花弁ではない。切断された葉は、生きていた時の葉ではない。さらに花の花弁を研究しようとする時、科学者はどんな手段をとったか。人間はその肉眼を用い、太陽光線の下でこれを観察し、解剖刀で切断し、顕微鏡のレンズを通して考察した。最も大切なことは、どんな研究も結果も、必ずある環境の下で研究され、ある条件の下で成立する結論であるということである。

花は紅いというのも、それは太陽光線の下で人間の眼に紅いというにすぎない。もし星の光で、猫の眼をもって見た時、花は紅いか？ 切断された葉、摘出された一片の細胞、原形質、核、これらが野外で伸び伸びと生育していた時と、全く同一であるということはありえない。

科学者は次の事柄を自認せねばならないだろう。

第一は科学者の研究は終局的に見て分析的で、必ず局所的、局部的であることを免れえないという点である。

第二はしかもその局部的、時限的研究は必ずある条件の下で行われ、その結果はその条件下のみで真実であるというにすぎず、常に普遍、妥当性のある真理ではないという点である。

結局人間は、分析した一部分さえ知ることができない。まして、全体を瞬間にあらゆる立場から知り尽くすことは不可能であるがゆえに、全体を完全に知ることは人間には不可知だといわざるをえない。例えてみるとこうである。

数名の若者らが野原で、一株の花草を見た。彼らは同時に興味を感じ、この花はどんなものであるかを知ろうとして今後、研究することを申し合わせた。彼らの中の絵描きは、この花の形や色をいく枚もの紙に心血を注いで写した。植物学者である一人は、花弁の枚数やガクを調べ、解剖顕微鏡の下で葉や茎の構造を観察した。生理学者は、株の一部を実験室に持ち帰って培養器の中に入れて、水分上昇の様子や栄養分吸収の状況を観察した。物理学者は紫外線やX光線をはじめ各種の光線を暗室の中で照射してみて、葉や花の示す変化や遺伝因子に及ぼす影響などを考察した。また科学者の一人は、花や葉の一片を風乾し、るつぼの中で焼却し、その灰の成分を調べ、細胞を構成する物質の抽出に没頭した。

長年月の後、彼らは再び原野に集合し、各自の研究結果である資料や論文を集め、積み重ねてみた。

この時、人々は「我々はこの草花について非常に多くのことを知ることができた」と喜び合う。しかし、また言う「この花について我々は、いまだ知りえない多くの事柄がある。人間がこの花を完全に知ったという時、すなわち人間がこの花と同様の花を人工的につくりうるまでには、さらに深い研究が行われねばならない。だが我々は、すでに老年になった。我々の子供が、あるいは孫の時代には人間がこの花と同様の花をつくり出すという、我々の夢を実現してくれるであろう」と。

彼らの夢は実現されるであろうか。

彼らの夢が可能であるか、不可能であるかを云々する必要はない。強いていえば、彼らの道は永遠に続く道であるというのみである。

最も大切なことは、これほど馬鹿げた、愚劣な喜劇はないということである。常に不完全な科学者の成果、必ず不備な……人間に完全はない……実験成果の集合は常に不完全である。不完全も集めてゆけば完全になると考えているが、不完全の集合はさらに不完全の度を進めるのみである。

たとえ幾十年、幾百年の後に彼らの夢が実現したと喜んでも、彼らがつくりえた草花は元の野草ではなく、実に単なる偽りの造花の一草花にすぎない。その不完全を嘆く道が続くであろう。だが偽物の草花が仮に完全であるとしても、無益にすぎない。重大なことは、人間は何のために長い歳月を費やしてまで、一花の草花をつくり出さねばならぬかである。

最初丘の上に登って一草花の美しさに驚嘆した若者は、この真の草花と共に人生を楽しめばよかった。

直観して花を知りえなければ、彼には花を知ることは永遠に不可能なのだ。どんな方法も人間にはない。人間は知りうると信じる人間が、実験室に閉じこもり、年老いるまで研究に没頭してつくり出した草花に対して、再び「この花は何であろう」と尋ねるならば、人間は何と答えるであろうか。人間のつくり出した偽物の草花は「この花は何であろう」の解答には、全く何の役にも立たないのだ。

一つの映画を知るためには、そのフィルムそのままを映写機でスクリーンに写せばよい。このフィルムを切断して眺めたり、解剖、分析してみる必要は何もない。彼が元のフィルムと同様のフィルムをつくり出したとしても、彼の最初の目的であるこの映画の価値を知ることについては、全く無智のままで終わるであろう。

なぜ人は真物を楽しまないで、偽物をつくり出すことに汲々として苦しまねばならぬのであろうか。

繰り返すまでもない。人間にとって「知る」は不可能であるにかかわらず、人間は知ることができると誤信して、接近しているつもりで遠ざかっているためである。

人間は疑惑する。静かな湖面に投げ入れた疑惑の一石が波紋となって波及してゆく行方を追って、疑惑を解く。知ることが人間に可能だと信じて人間は永遠に救われない不知、昏迷の世界へと沈んでゆくのである」

深く嘆息して、老人は言葉を切った。

丘の上にも夕暮れが迫っていた。老人はしばらく里の方を見下ろしていたが、ようやく込み上げてくる憤怒の情を制しかねたような激しい口調で一気に言った。

「人間の疑惑に発する「知る」は弁別から、識別し、分別し、分析し、統合によって成立する。人々は、このような知を積み重ねることによって次第に知るということが、確実に獲得されるものと信じている。だが、このような分別知の集積は完全知への方法、手段とは絶対になりえない。

弁別は対立の惹起であり、分別は相対的認識への出発にすぎない。

白を知るというのは、黒に対する白を知るにすぎず、黒を知るというのは、白に相対する黒を知るにすぎず、相対は絶対ではないがゆえに真理とはならぬ。

分別知は心の一点、一局に執着し、低迷することを意味する。一点を凝視するときは全体を忘失し、一局に執着するのは全体の放棄にほかならない。局部的、局所的であるがゆえに完全知とはなりえない。

分析は細分であり、破壊である。統合もまた終局において、分析の一過程にすぎない……宝石一度破砕されて再び元の玉とはなりえず、破砕すること多ければ、ますます玉から遠ざかる。細分することいよいよ甚だしければ、いよいよ完全に遠ざかる。

分別の知は拡大すること甚だしくてますます狭小となり、掘ること深くしてますます浅くなり、近寄ろうとしてますます遠ざかる。人の知の集積は完全知への接近とはならず、離反、隔絶への道を進む。

人の死は不知なり。一を知れば二の不知を生じ、二を明にすれば四の不明、疑惑を生ずる。知ること多ければますます不知なることの多いを知るばかりである。人間が次第に知の獲得を誇る時、人間はますます不知、疑惑の深淵に沈溺しないわけにはゆかない。

一茎の花にも無限の知あり、不知あり。人が一茎の花を知ろうとする時、人は無限の不知に対立し、人は永遠に脱却することのできぬ疑惑の雲の中に閉ざされるであろう。

人の知はすなわち不知――不明なり。

人の智また不智、無智なり。

破鏡、再び人を映しえず。

宝石一度破砕されれば宝石なし。

宝石を知ること最も深きは誰ぞ……。

一茎の花を知るものは果たしてなん人ぞ……。

空々莫々の赤子の心をもって見れば、緑は緑、紅は紅、かすかな薫風、かすかな花弁のゆらぎもその瞳に映りて、花は人、人すなわち花。

この花をむしり、頬に近づける子供はすでに花を見て青空を忘失し、薫風に気づきえない。花の学名、栄養、呼吸、同化作用等々の働きを心に思い浮かべて眺める科学者の眼には、花の紅映じて、花の紅は心になく、葉の緑を見ても心は緑とおぼえず。心すでに虚しい時は花の紅を見ても花の紅見えず、空を見て空の青さを知らず、ただ局所、局部に心は低迷して全貌を知りえないのである。

果たして誰がこの花を真に知りえたのか。有心、有情にして花、花となりえず、無心、無情にして人花を知る。

花は花、人は人、
人、花を知らんとすれば、花すでに花たりえず、人の知りたる花は、すでに人の見たる花なり。

人、花を見れば、花すでに花ならず。

人、真に花を知らんとすれば……」

……老人は悲しげにしばし無言であったが、突然激しく言い切った。

「人、花を見ることを止めよ」

私は思わず老人の言葉を繰り返していた。

花を見ずして、花を見る、

花を知らずして、花を知る。

私は呆然として虚空を眺めた。飄々として去り行く老人は、最後の言葉を夕もやの中に残して言った。

「人、人を忘れ去って虚空に住すれば、緑は緑、花は花……」

知る

老人は人間の「知る」を否定し、知恵を憎み、知ることの無用を叫ぶ。

「人は暖寒を知って暖寒に苦しみ、美味を知って食の不味を嘆き、富貴を知って貴賤に苦しみ、美醜を知って美醜に悩む。知るは憂いのはじまりとはいみじくも貴い言葉であろう」

「人、暖寒を知って暖衣を着るがゆえに凍えず、美味、不味を分かつがゆえに食はますます豊となり、富貴を知るがゆえに人ますます富貴となり、美醜を知るがゆえに人ますます美しくなるとも考えられるが……」

「暖衣が真に暖かくて人が凍えず、美味が真に美味で食が豊かに、富貴が真に富貴で貴く、美が真に美で善であればともかく、暖衣も真に暖とはならず、美味も真に美味とならず、富貴も富貴とならず、美もまた真に美とならないで、ただ人を損なうにすぎないがゆえに、暖寒、美醜、貴賤をわかって知る必要がないということじゃ。

南国の人、熱砂の地に住まいしても寒地を知らなければ、その身の熱さを知らず。北国の人、寒風にその身をさらしても暖地を知らねば、寒いと思わない。南国の人が北国に行って初めて寒さを知り、北の人、南国に行って初めて暖かさの何であるかを知る。南国の人が心に北国をしのぶとその身は苦熱をおぼえるようになり、北国の人も南国を思えば、その身が寒冷に悩むようになる。

それゆえに南国の人に寒さを知らせ、北の人に暖かさを知らせる必要はない、というわけじゃ。

水中の魚は冷水の冷たいことを知らないのに、これを暖かい水の中に放って暖かさを知らせることは、魚にとっては、無益で有害なことである。

田舎にあるものは粗食をしてもその食のまずいことを知らないが、ひとたび都市に行っておいしい味を知ると、はじめてその食がまずくなる。食物が粗末でも、生命を養うのに充分であれば、あえて美味、美食を知らせる必要はない。人、食の美味を知ると、人はさらにその美味を要求する。甘味を求め、美味を求めて人はますます苦しむようになる。

人は田舎にあって貧乏でも、隣り近所等しく貧乏であれば貧乏も苦にならないが、隣りの家に広壮な邸宅が建って後、その身の貧乏を嘆くようになる。人がさらに競って広壮の邸宅を建てるようになると、高楼も高楼とはならず、高貴もまたすでに高貴とならない。さらに競い、ますます苦しむようになる。

美醜もまたしかりである。ぼろ服必ずしも醜くなくても、一人美服をまとえば百人の衣服は醜くなり、一人その美を誇る時は百人その醜さを嘆くようになる。これみな暖寒、美醜、美味、不味を弁別して知ることにはじまる。

赤子がまだ食の不味、美味を知らず、衣服の暖寒、美醜も知らない時、これをもって人は赤子が不幸であるかのように思う。

人が成長して暖寒、美醜、貴賤を弁別するようになり、身体には常に暖衣、美服をまとい、美食をとり、広壮の邸宅を建て、深窓に住まい、顔に日ねもす化粧する時、彼は赤子に比べ幸福であると断定しえようか。

暖衣をまとうようになって刻々の暖寒に恐々とし、美食を欲するようになって常に食のまずさをそしり怒る。高楼に住んで不遜傲慢の念を生じ、他人の憎悪の恨みを受けては心は常に安らかでない。顔に紅白を塗って顔色がますます冴えないのに、焦燥苦悩するようになるは必定である。

赤子は無知、無分別でもなお寒風に競い遊び、不味を食べてなお腹は満たされ、貴賤、富貴を知らなければ心は安らかで、顔に化粧はしなくてもなお紅顔麗色を保つ。

成人は知恵があって、分別して暖寒、美醜、貴賤に悩む。知らない方がよいのだ。無知、不識にまさるものはない。

常人は賢明で知れば明らかとなり、愚かで知らなければ不明で迷い不幸となると考えるが、知は不知であって迷となり、不知は無迷であって明らかとなる。迷がないものは幸なりじゃ」

老人はどこまでも、知るは憂いなりと言う。知ることは人間にとって、どこまでも不幸の種なのか……。

例えば医学の知識すら、人間には無用なのであろうか。医学が長年月にわたっていろいろな事柄を明らかにしてきたことを振り返ってみる時、そのつど、いろいろな疑惑と迷いが解消され、人々の病いに対する苦悩は次第に軽減されてきたはずである。

だがこの事実すら、老人の言葉に従えば、否定されてゆく。

「例えばある時代に、一人の医者が肺結核菌を発見した。世人はその功績によって、人間の大きな不幸が解消される時機がきたと信じて拍手した……が、一人の人間が肺病にかかった時、あの家は家相が悪いためだと単純に批判された昔と、お前は肺病菌の侵入によって病気になったのだと医者から宣告される時代と、いずれの人間がより多くの苦悩を所有していたであろうか。単に家相が悪いことを気にする男と、結核菌の侵入を憂う者と、いずれがより多くの苦痛を味わわねばならないであろうか。

ただ単に肺病菌が発見されても、それのみで苦悩の軽減に役立つものではない。それのみか、彼はさらに多くのことを考えねばならなくなる。

肺病は結核菌の侵入によることが宣告された時から、人々はさらにいくつもの疑問を抱き、その疑問の解決を焦燥しながら待たねばならなくなる。

結核菌はどんな場合に、どんなふうに侵入し、なぜ体内で組織を破壊するのか、すでに侵入した病原菌を殺滅する方法があるのか、果たしてその菌の絶滅を期することができるのか等々と……。

この時代の人々は病原菌を知ったということが、人間の憂いを増大こそすれ何ら軽減するものではないことを知りながらも、ただ次の時代を期待することによって、その憂いを慰めようとする。

第二の時代には、結核菌はどんな状態で人の肺の中にすみ、咳と共に空中に飛び出し、他人の口中から侵入するなどという感染経路が発見される。そして人々には、風邪の流行期にはマスクをするようにななどという注意が発せられる。また手足を消毒剤で消毒すれば、結核菌は殺滅され最も衛生的であるなどと、人々は彼らの言葉の真実性を疑わず競って、彼らの注意を忠実に守り、そして思う。肺病撲滅への道が開かれた。知るべき肺病からの苦痛を免れる時期も間もなくであろうと。

しかし、このような方法でどれほどの人々が、肺病の苦悩から免れうるであろうか。

次の時代には結核菌が存在して、誰もが罹病するわけではないなどと言いはじめられる。罹病するものは栄養状態が悪いとか、カルシウムの不足者であるとか、あるいはビタミンAの不足者である、いやビタミンBが関与するとか、またそれはCである、さらにDがEが本病に関係がある、などと諸説が続出する。

また、清澄な空気を呼吸することが大切である、特にオゾンの多い空気を呼吸することが、あるいは紫外線の多いことが必要であるなどとも言いはじめられる。

同時に各種のビタミン剤、カルシウム剤などが薬店に氾濫する。医者も患者もその選択に頭を悩ませ、ある者は高原の療養所に、ある者は海臨の静養所に、清澄な空気を求めて押しかけ、一日も早く病気の苦痛から免れようと計る。

さらに、研究は進展してレントゲン療法とか、気胸療法とかのいろいろな物理療法をはじめ、スルホンアミド剤とか、ペニシリン剤とか、ストレプトマイシンとかの新化学薬剤も続々開発されて、肺病撲滅の方法は完璧の域に達したかの状態である。

しかし、人間が最も注意を要する問題は、どんなに膨大な研究が達成され、多種多様の治療法が発見されたかが直接人間の誇りとなるのではなく、非常に多くの事柄を人間は知りえたが、それが人間の真の幸、不幸とどんな関係があったかということなのである。

要は、ただ過去の人々と現代の人々、さらに進んだ事柄を知るであろう将来の人々の中で、いずれの時代の人間が、病気に対してより頭を悩まさねばならぬか。すなわち、苦悩の量の比較によって、いずれが真に賢明で、真に幸福であるかが決定される。

人々は、考え違いをしてはならない。

第一は、新しい研究が進むにつれて極めて簡単に容易な方法で一瞬の間に治療ができ、あるいは結核菌を撲滅する方法が発見されるであろうと信じている点である。

優れた強力な化学薬品が極めて簡単な服用によって効果をあらわすからといって、その化学薬品は極めて簡単にできる、また人の手に入るものと考えてはならない。

一服の化学薬品は、草の根を掘って噛むことより簡単ではないのである。ボタン一つ押すことによって、ある種の光線を放射して治療することができたとしても、これは人間が岩の上に裸で寝て太陽の光線を受けることより簡単なことだとはいえない。

進んだ科学、複雑な研究の結果得た方法や、より複雑な方法であることが重大である。科学が進歩することによって人間の手数が省ける、簡単に処理できる時代がくる、人間が楽になると考えるのは錯誤にすぎない。治療法が進歩すればするほど、その方法は複雑になり、その装置は膨大なものとなり、そして人間の負担は軽減されるどころか、ますます加重され、深刻化する。

一本の刀を振り回して行う戦争より、一発の原子爆弾で解決される将来の戦争が、より簡単だとはいえないのと同様である。原子力を利用すれば、肺病菌の撲滅も極めて容易になるであろう。しかし、原子力を利用した治療法が極めて簡単だと考えるわけにはいかない。

第二は、一つの方法が新しく発見された時、その日から幾万人の人々がその恩恵に浴しうると考えてはならないことである。いつの時代でも必ず大多数の者は、その優れた方法を聞くのみで、すぐにはその恩恵に浴することができない惨めさに苦しまねばならない。

第三の問題は、日々新しい研究が達成され、治療法が更新されることは、換言すればどんな方法も常に不完全か間違いがあるということである。今日の優れた方法も、明日の時代から見れば愚劣な方法でしかない。このことを知る患者は常にその時の治療法に満足することができず、また将来の方法を期待し、熱望して焦燥する。また各種の方法が続出し、優劣が論じられるに従って、あれでもない、これでもないと常に不安、動揺して迷うものである。

またさらに膨大な設備、最新の治療と名医に取り巻かれて治療を受けうる境遇の者が、自己の肉体の状況を知りうる者が、必ずしも安心立命を得るわけではない。日々刻々の脈拍、体温、呼吸、血清沈降速度等々が記録され、日々カビ菌が侵入してゆく状況がレントゲン写真によって写され、常に眼前に明示されてゆく光景を見ている人に真の安心はありえないであろう。知ることは疑惑、不信、動揺の種子なのである。

ただ死期に至るまで自分が病気であったことを知らなかった原人の世界。

ただ家相が悪いとか、運勢が悪いがために病気になったと信じていた昔の人たち。

高貴薬朝鮮人参さえあれば救われると考えていた時代の人々。

文明の設備、最新の療法に取り巻かれて療養に専念する現今の人々。

果たしていずれが最も幸福な人々であろうか。

肺病がどんなものかも知らないで山の中に住む無智な人々と、肺病がどんなものかあらゆる知識を所有した都会の人々と、いずれが肺病についてより苦しまねばならないであろうか。

知らないものは哀れなり、とは客観的に立つ者の言葉である。知らない者に憂いはない。知る者のみに憂いはある。迷いが生ずる。

知らぬが仏とは、豪快な真の勇者のみが知る言葉なのだ。知らぬとは、不明でなく無であり、明白なのだ。

未開の国と文明を誇る国との人間を、また手近な山間の一農村と都会の人とを、比較してみるがよい。

農民は毎日、太陽の下で田畑を耕して働き、夜は帰ってその小屋に寝る。それが生活のすべてである。彼らはただ太陽の光と、谷間の清水と、黒い土、緑の草木を共有するのみで充分満足して暮らす。もちろん、彼らの間でも毎年いく人かの老人が死んでゆき、またいく人かの子供が生まれてくる。しかし、何事も神様のおぼしめしだと考えている彼らの間では、生も死も当然のこととして何の疑惑もなく、また何の苦悩も知らないで過ぎてゆく。

このような一見単調、素朴な農村を見る時、都会の人々は愚鈍だと嘲笑し、悲惨な生命だと同情する。

しかし、農民を嘲笑する都市人が、真に聡明で何の苦悩もない生命を享楽しているであろうか。

太陽の代わりに昼夜煌々と輝く灯火を持つほうが、谷間の清水よりも鉄管を通して流れる水道が、黒い土よりも堅いコンクリートが、草木の緑より各種の人工色、ネオン、画書、広告などのあくどい色彩がより衛生的で文化的で人間を楽しませる。森の小鳥や獣などと遊ぶことは退屈であり、各種の娯楽機関の充満する都会のほうがより英智に満ちた世界であり、人間の高い快楽の生活が繰り広げられると人々は信じている。

近代設備を誇る病院のベッドは、岩の上、草のしとねなどとは比べものにならない安息の場所と信じて疑わない。一見華麗な都会文明、それは聡明な理智の所産であり、そこには明朗で潑溂とした生命が繰り広げられていると信じている。

しかし、あらゆる汚濁を絹のベールで包んだのが、都会の本姿である。明るく見えるその裏面には醜い人間の精神的、物質的病患が包蔵されているのだ。

一匹のカビ菌も病原菌も棲息しないように清潔にされた都会では、かえって人智を絶した強力なカビ菌が人間の崩壊を目指して、その周囲を取り巻いているのだ。

彼らはその智恵を過信し、正確で間違いのない世界に安住しているつもりだが、彼らの智恵は暗夜にまたたく小さな灯火にしかすぎない。

彼らはその足下すら照らしてはいないのだ。だが、彼らはその灯火を過信して妄動し、我がもの顔に行動する。

しかし、暗夜に小さい灯火をかかげて独走する人間は、ただ疑惑の世界を拡大し不安と憂い、焦燥の雲を増大するに終わる。

聡明で何の不安も妄動もないと信じる都市にこそ、疑惑、不信、妄迷の憂いがある。

都市人が聡明な智恵の所有者を誇り、田舎の愚鈍と素朴の中に妄迷があると信じることこそ、哀れな独善の喜劇にすぎぬ。

愚鈍な鳥獣の世界に医学がなく、医者がいないからといって彼らの無智を哀れみ、彼らには常に不安と焦燥がつきまとっていると考えることはできない。

人間の不安と焦燥は、自らの智恵に出発する。

知りゆくということは、人間を憂いの深淵に引きずり込んでゆく以外の何ものでもない。

それのみではない。人間はその智恵によって何ものも得られず、ただ莫大な仕事の量を背負わねばならなくなっている。

日夜、薄暗い研究室に閉じこもって一生を顕微鏡と暮らす科学者、日中、夜中を問わず患者の家を回って苦心する医者、ただ利益の多いのを望んで汲々とする売薬者、白衣をまとって青春の去りゆくを知らない看護婦、病院の門前にただ下足の番をして死期を待つ老人。

医者の来るのが遅いのを怒る権勢家、薬物の効果に一喜一憂する神経質者、治療のはかばかしくないのを嘆き愚痴してやけになる患者……人間の世界にのみ見られるこの狂騒、種々相は、すべてみな知るに出発する人間の智恵によって引き起こされた悲劇なのである」

生と死

私は静かな池の堤で腰を下ろして休んだ。

私は何気なく一つの名もない草花をむしり取って、なぐさんでいた。

その草花を眺めているうちに、私の心は深い憂悶に閉ざされていった。

この花は今何を思っているのであろうか……。

この花は何事も知らないように無心に咲いているように見える。しかし、また何事も知っているようにも見える。

人は憂いを知る。この花には何の憂いもないようでもある。人のみ、なぜ憂いを知るのであろうか……。

……ふと気づいて私は愕然とした。

手の中のその花はいつの間にか葉は垂れ、花は色を失い、見る影もない凋落の姿と変わっているのである。

先ほどまでは生々として生命の歓びを感じていたであろう花が、一刻の後に示す無情の姿……。

花は無心に咲き、無心に枯れていったのか……。

無心に生まれ、無心に死すもの……。

だが人間は、無心に生死を見過ごすことができない。

この花が無心に咲き、無心に死んでいったかも信じることはできないのだ。

なぜ人間は生と死の間を深い憂いの中にさまよい歩まねばならぬか……。

人間はなぜ、どうして、この世に生まれ、そして死んでゆかねばならないのか。

生きているというのは、どんなことであるのか。

生につきまとって離れない死とはどんなことなのか、我々はいかなる存在なのか。

人間が生まれる、それは極めて何事でもないようでもあり、また不可思議なことでもある。

人々は、人間が生まれたと平然として言う。そこには何の疑問もないとして、しかし人間はなぜこの世に生まれたのか、「生」とは何であるのか……これらの事柄について、人間は果たして真実を知りえているのであろうか。

我々が知りえていると信じている人間について、それは果たして何の間違いも犯していないであろうか。

この事柄について、老人はぼつりぼつりと、次のように話した。

「真実のところ人間は、人間がこの地上に生まれた理由については、何ほどの理解もなしえていないようだ。いや、なぜ生まれたかを知る手掛りの一片さえも、つかみえていないというのが本当なのだ。

時々、人々は平然としてとんでもない方面にその解答を得ようとしている。

それは科学者が人間発生の経路をさかのぼって知ることによって、人間はなぜどうして生まれたかを知ることができると考えていることだ。

人間発生の歴史を知ること、それはどんな意味があるだろうか。

「人間はその両親より生まれたのだ」と、確かに人間は両親の細胞の分裂、延長であろう。しかしその両親はといえば、ちょっと疑惑につき当たった顔をするが、次の瞬間には、両親はそのまた両親から、その親は、そのまた親からと次第に追及してゆき、ついには我々の祖先は原人であり、原人はまた猿から生まれたのだ、などといって平然としている。

多くの人々はこの極めて滑稽な答えに対してすら、困惑を感じないようである。しかし、人間の祖先は、原人は、猿はなどと尋ねてゆくことは、すなわち人間発生の経過、歴史を尋ねることは、我々はなぜ、いかにして生まれたかという根本問題を追求してゆくこととは全く関係がない。たとえ、原人が猿から生まれようと、原生動物から生まれようと、それは全く問題のないことだ。人間が、細菌やアメーバから発生したのだとか、いや超顕微鏡的微生物から発生したのだとか議論することは、なぜ人間が生まれたかを知ろうとする人間の真の欲求に対しては、全く見当はずれの愚劣な暇つぶしでしかないことは確かだ……。

また、科学者などは断固として次のことを主張する。「人間自身の肉体を解剖してゆく、すなわち人間の肉体の内の生命の根元を求め知ることができるならば、人間はやがてその生命が、生が、死が何であるかを知ることができる。そして人間は生死の苦悩から脱却することも可能となるであろう」と。

人々は、生きている人間を観察し、考察することによって、体内に存在する生命の芽生えを知り、生命の成長を知ることができると信じている。生きていることは生命の存在に原因し、なぜ、どうして人間が生きているかは、生命がいかに存在し、いかにして成長するかを知ることによって、知りうると信じる。すなわち人間は、人間の生は、生命によるものであり、人間の生命を研究することによって、人間が何によって生きているかを知ることができ、どうすれば生きうるかを解決しうると信じ、さらに生命の解決が、直接生死の問題をすら解決しうる手段となると確信しているのである。

それゆえに、彼らは生命の起源についてこれをうかがい、生命の所在地を訪ねて肉体を解剖し、生命の構成を研究して、生命の成長、確立に前進する。

科学者は人間がなぜ生きているかの実相を知ろうとして、ただちに人間の肉体の上にその瞳を注ぎ、その瞬間における自己の立場が、方法がいかなるものであるかについては、何の考慮もない。また、彼らの生命の研究が最終の結果においてどんな価値をもち、その成果がどんな事態を引き起こすかを真に知るならば、彼らの努力が、喜びがいかに愚劣で、無意味であるかに気づかないわけにいかないであろう。

ともかく科学者は生命の起源を知ろうとして知り、あるいはうかがいえたとしていろいろなことを言う。

ある時は、人間の生命の所在地を訪ねていって人間の生命は頭にあるのだとか、いや胸の中だとか、あるいは腹だとか論争する。さらに進歩した科学者は、人間の生命を人間の肉体を構成している細胞の中に根元を求めてゆく。最も深い神秘がそこに隠されていると信じて、研究を進めてゆく。

肉体を構成する細胞は、細胞膜と原形質からなり、原形質は一種のタンパク質であり、その中に生命が宿る。原形質の中にはさらに核が存在し、核の中に人間の形質をつくる根元である染色体と呼ばれるものがある。染色体はさらに各種の原より構成され、その原の中に我々の遺伝形質が内蔵され、原の構成配列状況によって人間の形質が決定されるのである。しかし、その原の形成物質は多種の複雑な酵素であり、最終において帯電分子であり、その有機的な活動によって生命の活動が開始されるなどと、果てしなく論議が進められてゆく……だが、これらの結論は果たしてどういう事柄を意味しているであろうか。

たとえ人間の生命が細胞の中にあろうと、染色体の中にあろうと、また生命が一分子、一電子の活動に出発しようと……それは人間にとって問題とはなりえない。細胞の中に生命があろうと、染色体に原因しようと、それはこの人間が生まれた、地上に発生した、人間が生きている……「なぜ」の真の原因とはなりえないのである。

細胞の中に生命が存在するゆえに人間が生存する、と各科学者は結論するが……。

生命を所有して生まれた人間が出現した、そして細胞の中に生命があったという事柄には、どれほどの意味があろうか。

人間は、生きているがゆえに生命があった。……ただそれだけの事柄にしかすぎない。

科学者などは、ただ単に生命をもつという人間がいかなる形骸を有するものか、生きているという結果は、いかなることになっているのかを云々しているにすぎない。生きている人間の真の起源や根元についてはほども触れていないのである。

生きている人間の生が浸透している末梢をうかがっているにすぎず、しかもなお彼らは人間はいかにして生まれ、生きているものかを知りえていると信じている。

人間が生きて地上に出現した理由を、人間は猿から、原生動物から生まれたのだなどと言って、得意に語る人々と同様の錯誤を彼らもまた犯しているにすぎない。

人間の真の生は、人間の肉体の中にある生命を探究することによって判明するものではない。だが、なおも錯覚者は強弁する。

「科学はその研究途上においては常に不完全であり、疑惑をもって迎えられる。現在、人間の生命の根元が真に何であるかを知るに至っていないことを、科学者は認めざるをえない。だが、過去の幾多の神秘は現在において明白な解答を与えられた。現在の未知は、将来において既知の事柄となることを信じて疑わない。

現在では科学の粋を集めてもなお一匹のハエ、一匹のハチすらつくれていないからといって、明日の科学の成功を否定するわけにはいかない。

我々はすでに近い将来、人間の生命と完全に類似の、いや、同一の生命をつくりだすことができるということを信じて疑わない。

人間の生命について残されたある一部の、わずかばかりの神秘の衣を科学者ははぎとればよいのだ。その時こそ我々は人間の生命が、生が何であったかを知ることができるであろう。科学者が生命について完全な把握に成功した時、その時こそ人間はまた死の恐怖からも脱出できるであろう。

多くの科学者がその時の人類の歓喜、栄誉を目標に邁進している。

生理学者は人間が生きてゆくためにはどんな環境が、またどれほどの熱量や栄養が必要であるかを研究し、医学者は肉体の一部を摘出培養することによって、生命保持の条件を研究したり、また自由自在に肉体を解剖分解し、結合し移植することにも成功している。

多くの細胞学者などは細胞を構成する物質の化学的、物理的深淵な研究にあたって、生命の根元をつかもうとしている。

また遺伝学者の一群は、試験管の中で各種の生物の性原子を結合させ、特殊培養基の中でこの接合子を培養することに成功し、生物の形質がいかに構成されているかを見守っている。それのみか、すでに生物の染色体の摘出分離に成功している生物学者は、その染色体に各種の放射光線による物理的操作を加えたり、また各種のホルモン剤や酵素物質の化学的処理によって、染色体中の遺伝原子に変化を与え、その遺伝形質に変異を生じさせることも着々と実施している。

問題はもはやこれらの研究成果の結合集成を待つ状態でしかないともいえる。少なくとも人間が思いのままに、思いのままの人造人間をつくりえることは、もはや疑えない段階に到達しているといわねばならない、と。

しかし、たとえこのような事態を招来したとしても、人間は何ものを得たといえるであろうか。人々が期待しているような事態が果たして達成されるであろうか。

人間が人間の生命を把握した時、人間は人間の生死の問題を解決しうるであろうか。

彼らは言う。「人間は自らの生命を自由に支配できるようになった。過去の人間が想像もしえないような巨大な美しい花をつくることも、すばらしく精巧な生きた一匹の昆虫をつくることも。また、我々人間の姿を自由自在に変貌させることが、例えば、今日の小人を明日は巨人とすることも、強大な腕力を付与することも、俊敏な頭脳の所有者となることも、不可能ではないのだ。完全な生命の把握は人間の死をも支配するであろう」と。

だが彼らは何をなしえたといえるであろうか……。

間違ってはならない。彼らは一茎の草花の類似物を、一匹の昆虫の偽物を、人類の模造品、第二の人間をつくり出したにすぎないのである。また、類似物でなく同一物であるならば、なおさら彼は何事もなしたことにはならない。

人間の寿命が二倍になろうと、十倍の腕力を獲得しようと、人間の最初のねがいである「人間はなぜ、どうして、どこから生まれたのだ」という疑惑の雲は、依然として晴れないで残るであろう。人間の心に湧く生死の喜悲の感情は、一個の細胞の解決によって解決するものではない。

第一の人間も、第二の人造人間も、もし人間であるならば、彼の心は常に、なぜかという疑惑と不安に動揺せざるをえないであろう。

なぜならば、生命発生の真の原因、人間発生の第一原因は、なお依然として不明なためである。

科学者らが「なぜ、どうして人間は発生したか、どうして生命は付与されたか」と言っているのは、ちょうど金魚鉢の中の金魚が自分で卵から孵化し成長する状態を研究して「金魚はかくして発生する」と誇り顔に言っているのと同様で「なぜ、どうして金魚は鉢の中にすまねばならなかったか」を追求しようとする真の金魚の願望に対しては、全く無意味な解答でしかない。

科学者は実はただ単に、人間の生と、類似の生命とを、もてあそぶ遊戯にふけっているにすぎないのである。

人間の生と、人造の生命と、我々と、人造人間と何の関係があるだろう。

もし百万匹のハエの世界の中に、一匹の人造バエを人間がつくり出して誇り顔に「人間はついに造物主になりえた。神がハエに生命を与えたと同様のことをなしとげたのだ。人間は神の世界にまで到達した」と言ったとすると、ハエは腹をかかえて笑うであろう。

神の意志については何ほども知りえない科学者は、最大の道化役者にすぎない」と老人は言う。

人間はなぜ生まれたのだ、そして、なぜ死の悩みを所有せねばならぬのだ……。

私は次第に、苦痛のうめきを発せずにはいられなかった。人間はなぜ、どうして生まれたのかを知ろうとする場合、果たしてどこにその手がかりを求めて出発すれば、よいのであろうか……と
……老松の根に腰を下ろして私を見つめていた老人は静かに言った。

「人間が生まれた真の原因は、人間を見ていてはうかがうことができない。鶏や卵を見ていて鶏の生まれた原因を知ることはできない」

私はつぶやいた。

「人間を見ては、人間はわからない……」

老人は突然池中に一石を投じた。

「この波紋の……」

老人の指差す池の面には、小さな波紋が起こり、次第に輪を描いて拡大していった。

「この波紋の生じた真の原因を知ることができるか。人々はこの波紋の発生した原因を知ろうと

する場合、この波紋の考察や観察によってその原因を知りうると思い、水の起伏の状態や水の分子の配列状況や、あるいはこの波紋が拡大して岸辺に衝突した時の状態などを研究するであろう。

もし人々がこの波紋を凝視していて、その発生の原因が何であるかを解答したとすれば、人々はおそらくこの波紋は水の動揺によって、あるいは水の分子の上下運動によるものであるとかいうふうなことを言うであろう。

もちろんその答えは、今この池に生じた波紋の真の発生原因を明らかにすることにはならない。もし、お前が真の原因を知ろうとするならば、お前はその波紋の生じる以前を、その波紋以外の周囲を見回さねばならないであろう。

そして、この波紋は風によって起こったものであるとか、あるいは魚が泳いだために生じたのであるとか答えるべきである。

人間が生まれ、いかにして……は、人間の肉体を見ることによって知るものではない。人間が生きているのは、肉体の生命によって生きているのではない。肉体の生命は人間が生きているために生じた一波紋にしかすぎない。

この波紋の研究は無価値である。人間の肉体内の一細胞をうかがうことは愚劣以外の何ものでもない。人間はすでに生きて、生まれているのだ。我々は人間を、その生命を見る必要はない。我々の周囲を、人間以外を見なければならない」

「もちろん我々は、我々人間を見るばかりでなく、その周囲をできる限り広範囲にわたって、いや、無限の想像をもって、人間の生まれてきた原因を知ろうとしている。それゆえ、ある将来において人間の希望が達成される時がくるものと確信されるのだが……」

「お前はまだ波紋の原因を知ろうとして、波紋を見る愚を繰り返しているにすぎない。いかに周囲を見回そうと、その周囲はすでに人間の肉体と精神の世界以外のものではない。人間の把握する世界は人間の肉体を通し、心をもって把握しうる世界でしかない。しょせん人間は人間以外の立場に立つことはできない。人間が把握しうると信じる人間が生まれた原因というものは、すでに人間の世界が生まれた以降における、単なる人間発生の過程にすぎない。真に人間が願望する「人間はなぜ生まれたのか」は、すなわち人間の世界が生じた真の原因については、人間はうかがうことを許されない立場にある。

人間は知ることのできない立場、不可能なもの、しかも人間はその可能を信じているのだが……。人間は猿から生まれたとか、木の股から生まれたとか、あるいは神様がつくったとかを議論することは、池中に生じた波紋が風によるものだとか、魚によるものだとか、あるいは小鳥が一枚の葉を池中に落したものだとかを詮索してみることと同様、全く無用な喜劇にしかすぎない。

池中に生じた波紋の真の原因については、お前は、人間は永遠に知ることを許されないのだ。私が一石を池中に投じた一石の意志について、目的について、私が沈黙する限り……」

人間以外の立場に立つものの意志、すなわち真の人間発生の原因については、人間は知ることを許されないという。

しかしなお人間は、熱望せずにはいられない。「なぜ、何のために」と絶叫する人間の悲願は、不可知をもって消えるものではない。

とすると人間は、不知なるものを知ろうとするのは無益と知りながらも、不知なるものを不知として放置することのできない、悲劇的宿命を背負っているといわねばならぬ。

私はしばしの間、困惑の瞳をもって周囲を見回した。

そこにあるもの、池畦の草木は無心に生い茂り、魚虫は何の屈託もなく生きているように見える。ただ生え、ただ生きてゆく、ただそれだけである。そこには生に対する何の疑惑も、死に対する何の恐怖もない。なぜ人間のみ思い惑わねばならぬのか……。

知ることを許されない「なぜ、何のために人間は生まれ、どうして死なねばならぬのだ」を、なぜ知ろうとせねばならぬのだ。

人間の「なぜ」とは、なんだ。

人間は不可知の世界を不可知として放置することができないで、「なぜか」と疑惑する。不可知の世界を人間にとっては不可知の世界という可知の世界として認識するがために、不可知もまた可知の世界として錯誤する。

もし人間が不可知をそのまま不可知、すなわち無となしうれば、人間は「なぜ」と反省し、苦悶することもなかったであろう。

池の中の魚にとっては、池以外の世界は不可知の世界であり、無い世界であるがゆえに、彼らは池の外を思って迷うことはない。人間は池上に立ってなお、人間以外の立場に思いをめぐらすやっかいな動物であった。

人間は自己の立場や間違いのない可知のものと信じ、しかもなお自らの立場に立って不可知の人間以外の世界の扉をたたこうとする。

だが、己の立場を知るという者は、それは自らの立場を知らない者である。人間が己の立場を知るという時、人間はすでに不可知の人間以外の不可知の立場を想定している。不可知の立場を仮定して成立する人間の立場は、すでに真の立場とはなりえない、不可知に対立して成立する立場はまた不可知となる。人間の立場は不知、不明の立場でしかない。人間は人間の立場、己の立場すら知りえていないのだ。

水底の貝は空気を知らないがゆえに、彼は水が真に何であるかも知りえない。彼は自らの立場を知らず、また彼を取り巻く外界の何であるかも知りえないが、知ろうともしない貝には迷いはない。人間もまた、海底の一個の魚貝の運命をもつにすぎない。

人間の立場は、永遠に不知なのだ。不知の立場に立って思い惑う人間に、安住の世界はありえない。人間は最初の出発点、立場そのものがすでに「なぜ」という疑惑の雲中に閉ざされているのである。

人間はいずこより来り、どこに住み、どこに去るべきかを知らずして思い、昨日なぜ生まれ、今日いかにして生き、明日何のために死なねばならぬかを……常に想い、惑い、悩んでゆく。疑惑の雲の中に漂い、迷う人間の生と死の姿、懐疑と苦悩に満ちた人生をあえぎながらさまよい歩く人間の姿は、真に不可避の宿命であろうか。

人間の立場が根本において不明であるという悲劇のゆえに人間の生は、死は、「なぜ」という懐疑の雲に包まれてゆく。だが、それにしても人間の心の中になぜを「なぜ」とする懐疑が湧かねばならぬのか。人間はなぜ「なぜ」を所有せねばならぬのか。

池畦に咲く一茎の草花を凝視する時、彼の上には何の懐疑も見られない。この花には「なぜ」はない。

なぜ彼らの世界には「なぜ」がないのであろうか。

彼らは自己を知らない、もとより生もなく、死もない。自己を識らない彼らの上には、何の懐疑も起こりえない。

自己を識るという人間、生を知り、死を知る人間、そこに人間の懐疑の芽が発生する。

生と死を人間が認識して、その時から人間は「なぜ」と思う心を抱くようになる。「どうして」と考えはじめるのだ。そして、次にはこうして人間の肉体は生きているのだと知った時から、こうせねば人間は生きられない、生きるためにはこうせねばならない、生きるために、生きるために、と意識を漸次深めていって、苦悩する。

だが、この道は当然の帰結のようでもあり、また不可解なことともいえる。

人間は生きている……。

しかもなお人間は、生きねばならないという……。

この事柄を中心として人間に数多くの労苦がつきまとって離れない。

生命を保つために食物をとらねばならない。田畑を耕して作物を作る、家を建てる、衣服を織るなど、これらはすべて人間が生きてゆくためには当然必要なこととして、人々は何の疑問を抱くこともないようである。

しかし、人間は生きている。この生きているという事実を直視する時、そこには奇怪な矛盾が存在する。

果たして人間にとって「生きねばならない」とする心が真実必要なことであり、人間が生きてゆくために食物をとり、衣服を作り、家を建てるというすべての勤労というものが絶対必要な事柄であろうか……。

考えてみれば、この生きねばならないという心は、この地球上の生物の中でただ人間のみが抱く心である。また、生きるために必要とされる仕事と名づけられるものは、実にこの数多い生物界の中でもただ独り人間のみにある。

無心に生い茂る草木、何の屈託もなく生きてゆく鳥獣、ただ地上に生え、ただ生きてゆく彼らの姿。

そこには何の作意も手段も講じられることがない。しかもなお彼らは、天命を保持していて何の苦労もない。

人間もまた一個の生物である。生物として地上に生まれ、出現し、成長していることは間違いないが……なのに、なぜ人間の上にのみ「生きねばならない、生きねば生きられない」という言葉が必要なのか。また生きているために遂行されるあらゆる労苦を、なぜ他の生物と違って背負ってゆかねばならないのか……。

私の疑惑に老人は答えた。

「人間は出発点において重大な誤りを犯している。

人間は草木が生えているのを見て、この草は生えている、生きている、成長していると考える。人間が生まれたのを見て、生まれてきた、生きている、育つ……と考える。全く何気なく考えているが……。

その時、人間は極めて重大な第一歩を踏み出しているのである。しかし、誰もそれには気づかない。

生えているという事柄、生まれたという事実に対して……生えている、生まれた……と人間が考えるその瞬間から、実は人間は恐ろしく重大な第一歩を踏み出しているのである。

草木の生えているのを見て、人間は草が生えていることを意識する……人間は思索する動物である……そしてその時から人間は、草が生えている事実に対してあらゆる角度から凝視の瞳を向けるようになる。そして人間は、いかにして彼らが生えているかを観察し、いかにして彼らが育っているかを考察し、また、いかにすれば彼らを育てられるかをうかがうようになる。やがて、彼らを自然界から引き離して人間の手で育てるということを考えはじめ、ついには草木を作物として作ることをも知るようになる。……と同様に……人間が生まれた、生きている、成長する……というのはどんなことであるか、いかにすれば生きるものか等々……次第に人間は思索を深めていく。やがて、いかにすれば人間は生きる、生きるためにはいかにせねばならぬかに思いをいたすようになり、ついには生きるための方法を考え、手段をいろいろとったあげくに、生きねばならないということに焦燥すら感じるようになる。

人間は天命をもって生まれた。そして成長する。なのに人間が自ら人間は生きているという事柄を自覚し、そして考え、そして自分で生きようと覚悟した時から、人間は大自然の生命から離れ、独自で自分の生命を守るためのあらゆる努力をはらわねばならなくなった。

人間が大自然の懐から離脱し、独自の生活を自らの手ではじめた。それは他の生物とは全く離反した道であったが……そして人間が自分の手で生きねばならないと考えた時から、人類は永遠に解消することのない労苦の荷物を背負わねばならなくなった……」

老人は長嘆息して言った。

「人間はなぜ、人間は現に生きているという事実を直視しえないのか。なぜ生きていると、真実を把握し、確信しえないのか……」

人間は生命を付与され、地上に生まれた一個の生物である。人間が生物として地上に出現したという事実は、何よりも人間が大自然の児であり、自然のままにおいて当然生きえる力が必然的に付与されていることを意味する。

生きてゆく、生きねばならない。食物をとり、作物を作り、働いて……を、元来は何ら必要としない生物であり、生命をもっているはずである。

何らの意識も手段も必要としないで生命を保持してゆく力が、他の草や木と同様、生まれながらにして具備されているはずである。草木と共に、生きようとしなくても生きる。無心にしてなお生きてゆく、成長して生きえるはずである。

母の胎内から生まれた赤子が無心にしてなお力強く呼吸し、大声を発して生きゆくように、たとえ人間が生きようとする意識を忘れたとしても、生きねばならないという努力を放棄したとしても、人間はなお生きてゆく、生きうる力が自然のままにおいて備わっているはずである。

もし人間がただ天寿を全うして生きてゆくのみに満足しうる生物で終わったならば、そして鳥が野の木の実をついばみ、チョウチョが蜜を尋ねて生きてゆくように、もし人間が野の草を摘み、木の実を拾って食うことに満足しえたならば、人間にとって生きねばならないという言葉は必要ではなく、そして食物を作るという考えも、田畑を耕すという労苦も知らなくてよいはずであった。

人間の本来の姿は、何らの意図も手段も労することはなく、無心にしてなお生きうる生物であったが、人間自らの姿を凝視して、自己を自覚し、自己を認識した瞬間から、人間は人間の本能による智慧に頼って生きてゆくことを忘れ、知能による智恵に頼って生きねばならない生物となった。

人間が無心に本能のままに生きたならば、いわば本能智による無心の智慧により生きたならば、そこには何の労苦もなかったが……。人間が自らの知能智、有心の智恵に頼って生きることを考えた時から、人間は、生きねば、生きようとする努力がなくては、生きられない、生きるための労苦を必要とする動物へと転落していった。

しかしまた、本能智は完全で確実な生命を保持しうると考えるのも躊躇される。人間の智恵は不完全で、生命は常に不安におののくかもしれない。だが人智は無限であり、そこに豊かさを期待しうる。

たとえ人間は本能智に頼れば確実で、平穏な生命の営みを行いえるとしても、より豊かな人間の智恵に頼って、苦闘の生活に生きゆくことを望むともいえる。

私のつぶやきを聞いて、老人は激しく言った。

「人間は天与の本能を嘲笑し、平静な生命を軽蔑する。驕慢な人間は自己の浅薄な智恵を誇大に信じ、その奇怪な生命をもてあそんで恥じることもない。

人間は生命の本姿が何であるかを知らず、本能の何であるかをうかがうこともないままに、自己を識るがごとくに錯覚し、虚相の人間の中に住む虚影の生命を指差して傲然とうそぶくのだ。人間はこう生き、こう望むと。

しかし人間は何を知りえたであろうか。

人間はすでに自己の立場から、人間はなぜ、いかにして生まれ、生きているかを知ることはできない。いわば人間は人間の実体を知りうる立場に立つことを許されなかった。その人間が自己を知った時から、自己を知りえないはずの人間が……もし人間が本当に自己を知りうるならば、その傲慢な自己陶酔から脱出しえたであろうが……。

人間は自己を知ってはいないのだ。人間に、認識は不可能なのだ。

人間は人間の実体を凝視しながらもその実体を認識することはできないで、ただ認識しえたごとく錯誤しているにすぎない。人間の認識は虚影であり、虚体にすぎない人間をつかまえて得意になっているのだ」

私は老人の激しい叱咤にあって、呆然と手にした一花の上に瞳を落としていた。

私はこの一花すら、その実体を認識しえないのであろうか……。

「お前はその花を知ろうとする時、いかにしてこれを知ろうとしたか。知ったというのは、果たしてどういうことを知っているのであろうか……」

「私は目をもってこれを見、鼻をもって香を嗅ぎ、手に触れてこの花を知った……知ったというのは自分の心で、五官をもってこれを認めた……」

「指頭の一花を指して、人々はここに一花があるという……それは何の過ちもない事実のように信じていたが、しかしその時、人間は極めて重大な過誤の第一歩を踏み出していることに気づかなかった……。

重大というのは一花を指して一花を認めたという、その時、人間はこの一花を認識不可能の方法をもって認識したからである。

耳目をもってこれを認め、心において認知し、そして一花ありといった。一つの物体に対してこれを心という写影膜に投影してその物体を認めたという、その事柄である。

たとえ人間が明らかにその実体を見ていたとしても、その眼がその形を、鼻がその香りを、手がその柔らかさを正確に把握して心に伝えたとしても、心に映したという瞬間、心に映ったものはすでに実体そのものではありえない。一葉の写真が実物そのままのものではありえないように、写真が実物の投影でしかないように、心に認知されたというものは実体の投影である一つの虚体でしかない。

しかも重大なことは、人間の心に映写した単なる写真にしかすぎない虚相をもって、実体の一部であるかのごとく信じ、一つの物体を繰り返し心に映写して、種々研究してゆくことによって、ついには物体の全貌、すなわち実体を知ることができると確信していることである」

「心に映写したものが実体そのままのものではないにしても、それらを心の中で組み立ててゆけば、ついに実体のすべてを把握することができるように考えられるが」

「多数の写真を集積すれば実体そのものとなりうるか。この一花をあらゆる角度から撮った写真をいくら積み重ねても、元の花にはなりえない。虚体をいくら集積しても虚体は虚体であり、実体とはなりえない。

いろいろな角度からこの花を眺め、いろいろな手段方法をもってこの花に関する知識を集めてみても、この花とはなりえない。この花の心を知るものは、この花のみであろう。

人間がこの花となりえない限り、この花を知りえたとはいえないのである。

赤子の心を知るものは赤子のみである。人々はこの花を知ると口では言うが、その人の心はただこの花の類似物であり、偽物にしかすぎない。しかも、ただ一片の虚体を認知しているにすぎない。もし、ただ一片の虚体という言葉が不満であれば、多数の虚体を認めていると換言してもよい。しかし、一つの物体に秘められたものは、無限の内容である。人知は永遠に進展するとしても、なお未知の事柄は無限に続く。無限の未知の前には、一個の人間の既知は、常に一片の知にしかすぎないであろう……」

「無限の前には、人智は一片の智、一片の認識にしても、うまずたゆまず深く、より広く知るということは、完全ではなくても、少なくとも一歩はより完全への道とも考えられるが」

「虚影を心に描いていて実体と信じ、観察し、考察し思索するのが人間である。その観察や考察が虚影に加えられて出発している限り、その判断はしょせん錯誤に終わらざるをえない。それのみでなく、その観察や考察が深まりゆくに従って、皮肉にもその努力の集積である知識はますます真実のものとは異なり、遠ざかってゆくであろう。

虚影の集積は虚影の拡大であり、知の蓄積は不知の進展にほかならぬ。知ること多くして、ますます人間は不知に至る。

人間の虚影のみを見ている人間が、この虚影を深く観察することによって、人間の実体を把握しうる時がくるであろうか。

もし、ここに一匹のアリが地上に映った人間の影法師のみを見ていて「人間というものは、黒いものである」と言えば、それは錯覚といわねばならぬ。さらにアリがその虚影を観察していって「人間は薄い布のようなものであり、時に長く時に短く、またさまざまな形をとって動く」と言えば、そのアリはますます錯誤を犯したことになるであろう。人間の本姿を知ること深いと誇るアリは、ますます人間を知らないものといわざるをえない。

人間の認識もまた、このアリと同様の運命にある。

人間が人間について知りえたと自負しているすべての事柄、人間はいかにして生まれ、生き、育つものか……は、もちろん一つの錯誤にしかすぎない。

もし先のアリが人間の影法師を研究して得た知識を誇って、自分は人間を詳細に知った、自分は自分の手で人間をつくってみようと言って、一枚の黒い布をつくったとすれば、それは滑稽でしかない。

人間が人間の虚影を考研して、人間はこういうものだと信じて、人造人間をつくり出して驚喜するならば、それは喜劇であり、悲劇である」

人間は自己を識りえないという。この自己の姿、この世に生まれ、生き、死してゆくであろうこの我身すら認識しないのであろうか。自己を識るものは、自己にしかずと自負する自己すら……。

「人間の凝視する自己は、自己の真姿ではない。虚相に発した虚構の肉体にしかすぎぬ。一花を知らざるものは万物を知らず、一花を知るものは万物を知る。人間の認識は不可能なゆえに、一物の実相すら知ることができない。人間は自己を知りえない。人間は生も知らず、また死も知りえない。人間の認識した生も死も虚相に発した幻影にしかすぎないゆえに、生はすでに真の生ならず、死もまた、すでに死となりえないのだ。

人間は、自己の真姿に発する天与の生命の息吹きに安住することができず、自らが描いた幻影にすぎない生、死を追いかけて妄想し、妄動する。虚影は常に不完全であり、不確実を免れない。虚姿虚影に幻惑されて人間の心が常に変々浮動し苦悩することはまたやむをえないであろう。

さらに愚かしいことには、人間の虚影の生、幻影にすぎぬ死に、さらに妄想の衣を着せて執着と恐怖の念をつのらせてゆくことである」

「妄想の衣とは」

「喜びといい、悲しみという、生は喜なり、死は憂なりとするのが忘念じゃ。虚体に宿る生命をもって喜なりとし、虚体より去る死をもって悲しみとする。喜も悲も生死に発するがごとくして、その実、何の関係もない……」

「肉体の生は喜となり、死滅は悲であると我々は信じているが……人々は一日の生命でも延期してくれた医者に対して絶大の感謝を捧げる……」

「真実、我々の喜悲は肉体から発するものと考えられるが……人々は一年の寿命を与えてくれた医者に感謝し、喜びを感ずるのが我々であるというが……一年の生命が付加されたこの肉体と、喜びを感ずる我々という心と……果たしてどんな関係があるであろうか。

人々は肉体の中に心があり、肉体の生死はただちに心の喜悲となる。心は肉体に直接結びついているものと信じているが……医者が人間の寿命を一年延長させえた時、その事実はたとえ何の間違いもないにしても、一年の寿命をつけ加えられたその人の肉体が喜びをただちに感ずるであろうと考えるのは早計である。

医者がつけ加えた一ケ年の生命と、この一年の生命を得て喜びを感ずるという我々とは極めて密接、直接の関係があるように見えて、その実、何の関係もないといってさしつかえない。

我というこの肉体と、我というこの心との間には極めて深い溝がある。はかり知れない距離がある。

医学の進歩と共に手足の筋肉の一片を切り取って鼻の頭に移植する……それはすでに実施されているが……さらに猫の眼玉をくりぬいて人間の眼に移植する、馬の足を切り取って人間の足に接続する、ゾウの鼻の臭覚と耳の聴覚を得たとする時、この肉体を得た人間は、その心が喜びを感じるであろうか。

さらにサルの頭脳を人間の頭に移し、カバの肺を人間にとりつけ、強大な力をもつクマの手を我が手とする時……我の行方を果たして人々はどこに見出すであろうか。我という我と、この奇怪な肉体をいかに結びつけるであろうか。人々はこの肉体から我々の喜びが出発するといっているのだ。

この奇怪な肉体が極めて強力で、その生命が極めて長いものであった時、人々はこの肉体を得たことを祝福し、そして大きな喜びを感じるというであろうか……。

人間は我という我が心と肉体とには、直接の関係があると信じているがゆえに……。

犬猫の死に臨んだのを見て人間はこれを哀む。一匹の蛾一匹の虫、一日の生命というカゲロウの生命を人々ははかなむが、もし人がこのカゲロウに二日、三日の生命を与えたとしても、カゲロウにとってはそれはなんでもない。

春芽を出し、秋実り、そして枯れてゆく一木一草に対して、生死の長短は問題でない。ただ人間のみ生死の長短に一喜一憂する。

もちろん、生死の長短は肉体の上にある。しかしながら生死の喜悲、長短の心は直接には生死の長短とは何らの関係もない。時空を超越すれば生の喜びは生に発するごとく見えて、しかも死の上にない」

「我々の本能は生を喜とし、死を本能的に恐れている。肉体の生死が直接人間の喜悲とは関係がないとは考えられない。特に人の死に際しては苦痛にもだえる」

「鳥獣また死に際しては戦慄の叫びを上げる。しかし、彼らの苦痛の叫びは瞬間的に消滅する。いや、彼らの叫びはもはや苦痛の叫びとは言えない。ただ単なる生命の終息を告げる絶叫でしかない……。

人間の苦痛は死の瞬間に存するというよりは、すでに生の期間において常に戦々恐々とし、すでに死の以前において憂え、死の苦痛におびえ、苦悩しているではないか。また人は生を喜という。

しかし、実際に生は喜なりと確信し断言しうる者がいるであろうか。

真実を言えば、人間本然の生は喜である。いや、歓喜である。いや、人々の想像を絶した、はかりしれない歓喜であり、随喜の世界である。しかし誰もそれを知り味わいえない。しかも人々は容易に「生は喜なり」と言うが、彼らのいう喜びは肉体に発し、肉体をもって叫ぶ純粋の歓喜ではない。「死は悲なり」というも、真に死の瞬間における悲しみを悲しみとしているわけではない。

我々の知る喜びというものは、その知った喜びであり、心をもって喜なりとして後、喜ぶ喜びであり、自己の知覚の上に幻想して生じた、いわば知能的喜でしかない。

人々の生は喜なりといっているのは、肉体の生すなわち歓喜なりといっているのではなく、生きていて美果を食いうるがゆえに、生きて名利を楽しみうるがゆえに、生は喜なりというにすぎない。死は苦なりというのも死の瞬間における苦を意味せず、ただ死によって獲得物の失われるのを恐れているにすぎない。愛欲、利欲、名欲との別離を憂うるあまりの言葉にすぎない。人間は肉体の生死を問題にしているように見えて、実際には自己の心の上に描いた種々の幻想、喜悲を憂えているにすぎない。

鳥獣の上に現れる本能的喜悲は、肉体に発して肉体に止まる。しかし人間の知能によって生じる喜悲は、心に発して心に止まる。したがって人間の生死の問題は単に肉体の生死の解決によって解決されるものではない。

寿命が五十年、百年であることを憂う人間は、寿命が千年、万年に延長された時、さらに千年、万年の長い間、生死の問題に苦悩せねばならないのである。

生命の長短によって人間は、生死の問題を解決することはできない。肉体を離れた人間の生死を知る心、憂いを知る心、喜悲そのものが解決しえない限り……いわば人間の肉体の上に覆い被さっている人間の幻想が払い除けられない限り、人間の生死は困惑と苦闘の淵を這い出ることはできないであろう。

肉体の上に描かれた幻想とは、人々が不用意に発する「生は喜びなり、死は悲しみなりとして生きねばならない」に出発する。

生きねば真に生きられないかのごとく誤信したその時から、人間の苦悩が生じた。だが自ら招いた虚影の生活に出発した人間の苦闘は、また自ら幻影の喜悲として終わるべき運命をもつ。しかも人間の苦闘が激しくなりゆくにつれて、幻影の喜悲は怪しくも巨大な炎となって燃え上がる。

人間の苦闘はただ我欲のために捧げられた。

人々が盲目的に確信して言う「生きるための努力、働き、仕事……」は、すべて真に人間が生きてゆくために捧げられているのではなく、人間の生命の上にさらに欲望をつけ加えた人生を、いかに獲得するかを腐心するあまりの言葉にしかすぎない。ただどうして、人間のあくことのない野望の生活を達成するかに苦慮しての努力にすぎない。

だが、人間の欲望に対する苦闘は報われる時がくるであろうか。人間の欲望に終止はない。人間の欲望はますます拡大進展して止むことがない。増大する欲望のために生じる人間の負担は、ますます人間の上に重圧を加えてゆくであろう。だが奇怪にも人間は、時に重圧を加える負担からの脱出を願うことがあっても、欲望の減少を計ることはなく、ただなさらに大きい野望の達成によってのみ、負担の重圧から解放されるものと誤信し、大きい野欲の達成に向かって一途に驀進する。

そしてより大きい欲望の達成には、より強大な生命の保持が絶対的な基礎条件と信じて、生命への執着をますます強固にしてゆく。生命への執着は、やがて死を恐怖するに至る原因となる。さらにまた死の恐怖を逃れようとして、ますます獲得労苦の世界へ邁進し、生への妄執にとりつかれてゆく。そして妄執は妄執を生み、いよいよ拡大して停止することがない。

もともと生と死は、表裏一体のものであった。人間は生きていると錯誤したその瞬間から、また死の事実を知らねばならなかった。

人間の生きようは、死を逃れようということでしかない。

人間が生きていることを自覚し、生は喜びなりと信じ、大自然の懐から離れて自分の手で生き、喜びを獲得してゆこうとした時から、人間はまた死の恐怖から常におびやかされるに至ったのも当然であった。

生きる意欲への強烈な執着化と共に、死を逃れようとする心も深刻化し、妄執となって人間を追いかける。

生と死はちょうど人間とその影法師である。

太陽が出て人が起き出ると共に、影法師はその後に従って生まれる。人が走れば影法師も走る。人間が止まった時、影法師も止まる。

日が暮れて、人間が静かに安息の寝についた時、影法師もまたはじめて消え失せる。

人間は生涯自分の影法師を切り捨てることができないのと同様、人間が生を知る限り、死もまた人間から切り離すことができない。生と死とは同様に生まれ、また同時に死ぬ。生がある限り、死は存在する。生きようとすれば、死がつきまとう。人間は、死から逃避することは許されない。

人間が死から逃れうるただ一つの道は、人間が人間の生を捨てて、安息の場所に帰ることのみである」

「安息の場所とは……」

「実相の世界ともいえようか。人間があらゆる虚相を放棄し、本然の裸身に立ち返った時おとずれるであろう立場である。

有心の世界を越えてなお厳として存在する世界である。

そこにはもはや、生をもってはじまる死もなく、死をもって終わる生もない……」

「生死を超脱した世界への到達は……」

「すべてを捨てよ。モグラ地中において青空を論ずる愚を止めよ。正邪、愛憎、喜悲、苦楽、みな一に、心に発して心に帰る。放棄せねばならぬものはただ一つ……心に着た衣を脱ぎ捨てよ」

私はもはや脱ぐべき一枚の衣服すらまとっていない。

老人の枯木のような姿を凝視していた。

老人はすべてを否定した……。

何もない……。

人間は価値ある何ものをも所有してはいなかった……。

だが……。

彼は絶対の所有者ではないか……。

彼は時空を超越して……。

彼は時空を所有した……。

明日会うことを期することはできない老人に、一刻を惜んで、あえて私は人生の目的について尋ねた。

「なぜ、どうしてこの世に人間が生まれたかはわからない。不可知の世界のことは知るべくもない……とすれば人間はどこへいけばよいのだろう……人間の目的は……」

「なぜ、どうして、この世に人間が生まれたのかがわからない人間に〝人間は何のために生きるのか〟がわかるはずはない。わからないことがわかれば、それでよいのだ」

「人間に〝目的はない〟〝何のために……生きる〟という〝何のため〟は何もないといわれるのか」

「人間は無目的である。人間に目標はない」

「だがあまりにも世の人々は、人間はこうあらねばならない、どうせねばならない、何のために、どうなるために、と考えている」

「野原の一木一草は生きてきた、そして枯れてゆく。それだけである。と同様、地上に生まれた一動物、人間にも何の意味も目的もありうるはずがない」

〝何もない〟世の中には価値ある何ものもなかったが、名欲、私欲もまた何ものでもない。人間は何ものを求める必要もない。

さまよい歩く必要は何もないのであろう。

しかし、人間は悩み苦しむ……何ものかに頼りすがってゆかねばならない宿命をもっている。

人間が求めるもの……それはまた、人間の目標ともいえる。

「人間の心の底の懐疑、不安を逃れて安心立命を得ようとする願望、すなわち日々の生活の中の生きがいとなる、生きていることの歓喜、生の衝動そのものが、人生の目標ともいえよう。

だが人間の喜びの裏には悲しみがある。歓楽の裏には悲哀がつきまとう。楽は苦の種となり、美もまた醜に帰る。生と邪、善と悪の判断に迷い、愛と憎しみの論争に苦しんでいるのが人生である。

この人間の精神的な相克から脱却しようとする人間の願望……。

明暗二相の相対の世界から、真の歓び、真の美、真の善、真の幸福の獲得を目指す絶対の世界への飛躍こそ、人間の目的であり、目標であろう」

「この相対の世界から絶対の世界へ、こちらから彼岸への飛躍はどうして達成しうるであろうか」

「何かに迷い、求めさまよう人間は、何かにすがり、何かを獲得し、前進しようとしたが、相対の世界からの脱却は、人間が獲得し、前進する方向にはない。

多くを学び、智恵を獲得し、力と富と権力をつかって人間の真の歓び、真の幸福が獲得されると思うのは間違いであった。

大自然は完全である。実在は完全であり神である。もともと実在する人間は完全であったが、人間は自らを不完全にした。不完全な人間が完全な人間へ復帰しようとする道、その道こそ人間が相対から絶対へ飛躍する道でもある。

獲得でなく放棄、前進でなく復帰、有でなく無の世界への悟入こそ、人生の目標である。すべてを放棄する。すべての価値を否定し、完全な否定の彼岸になお厳として実在する有の把握こそ、相対から絶対への道である。

相対の世界の悩みから、絶対の世界の安心立命へ、そして日々、生の歓喜に打ち震える生活の確立こそ人間の真の目標となりうるものであろう。

そして、人間がその目標に到達するには、ただ……。

何も無い。

人間はなんでもなかった。

何事をなしたのでもなかった……。

との透徹した大悟以外に道はない。

……

人間がすべてを否定し、捨て切った時、一茎の花も微笑をもって人間を迎えるであろう」

淡々と語り終わった老人は、指頭の一花にほほえみかけていた。

一歩は高く、一歩は低く、飄々と去り行く老人の後にはもはや、

……何も無い……。

……何ものも無い……。

価　値

再び会うこともないであろう老人を追憶の中に呼び起こしていた。

……

その秋、老人は手にした長い杖を示して言った。

「この杖の価値は」

「山で小枝一本切って杖をつくる手間は何ほどでもないが……」

老人はさらに追及してきた。

「では……」

「珍しいから価値があるのか……。

美しいからか……」

言いかけて私は、何の変哲もない一本の杖、美しいといえば美しい、珍しいといえばいえないこともないが、数多い雑木林の中の一本の小枝にすぎないこの杖の価値は……思いあぐねて老人を振り向いたが、老人は厳として眼をあらぬ方へ向けて語らない。

老人の長々とした話に何の結論も見出しえない自分の不甲斐なさに口を開きかけて、私は絶句した。

労働が価値の根元か、美しいのが値打ちか、珍しいのがよいのか、役に立つからか……果てしもなく価値の根元を追って迷う私……。

だが老人は沈思の余裕を与えずせまった。

「なぜ価値があるのだ」

私にはこの一本の何気ない老人の木一つが判らないのか。老人に質問することは、もはや許されない。窮した私の前に、
突然、老人は、その杖を目の前の土に突き立てた。

「何に価値があるのだ」

私は夢中で、その杖を握った。

「何を買うのか」老人はニヤリと笑った。

「あなたを買いましょう」私はとっさに答えた。

老人はまじまじと私の顔を眺めていたが、私が平然と立ち、そしてニッコリと笑うとはじめて安堵のため息をついて言った。

「わかったか」

老人はくるりと回って山の方に向かった。私は今日ほど晴れ晴れと老人を見送ることができたことはなかった。

……

今広く世界の様相に思いをいたす時、私は深い憂悶に閉ざさざるをえない。またそのつど、老人

が残したこの杖の意味を味わうのである。

自由主義と社会主義の二大陣営の対立をめぐって、今地球上は噴火山上の危機に直面している。

この自由主義と社会主義の二大思想、主義の発生した出発点を探り、人間の経済生活においての根本の考え方、またさらに経済学の立場について考察を加えてみよう。

原始的な経済からようやく資本主義経済がその芽を吹きかけたころに、アダム・スミスという経済学者が『国富論』という一著で、自由の旗をかかげて、勇敢にも自己心をあおり、自由競争、放任政策、分業生産方式をとることが経済発展の近道だと説いた。彼の政策、思想が、初期の資本主義の飛躍的な発達をもたらす強力な原動力となったことは、何人も異存がなかった。

以後百七十年間、いくらかの紆余曲折はあったとしても、資本主義文明は巨大な発達をとげたというのが現状であろう。

一方これに対抗してマルクスが『資本論』を発表して、社会主義経済を完成した。そして資本主義の遠からぬ破局を看破して共産主義を唱道した。

彼によれば、資本主義の発達、資本の蓄積、生産の拡張は、階級の分化と対立、貧富の懸隔と失業の増大、恐怖の混乱をもたらして、結局は共産主義革命によって崩壊すると述べた。また資本、地代、利潤、労銀、需要、供給、価格などのすべての経済的事柄は、歴史的なものとして変転し、滅亡してゆくであろうと予言した。

以来、二大陣営に分かれて両者は犬猿の仲のように相論争し果てしない泥沼の争闘を続けてゆこうとしている。

しかし、この二大主義の対立の根本的原因も凝集してみれば、ただ「物の価値を決定する基準点の相違から」ということに帰結するであろう。

とすると、この老人の一本の杖の価値決定は、極めて重大な意味をもつのではなかろうか……。世間において物の価値が何に基準をおいて決定され、価格が変動し、経済生活がどう展開されてゆくかをのぞいてみよう。

一口に言うと、自由主義の国ではふつう物の価値は、需要と供給、買い手と売り手の関係によって決定されると見る。希望者が多いとその物の価格は上がり、供給者が多くて買い手が少ない時は物の価値は下がると見る。

したがって、珍しい数少ない品があると、買い手が多く法外な値段で売買される。一方、どんなに役立つ実用品でも、品数が多く、買い手が少ないと値段は安い。

人々は競って珍しいもの、優れたものを自由につくって、最大の報酬を得ようとする。

自然に自由競争の世の中になって、同じ時間労働しても能力次第で、その報酬には限度がなく、優れた者は富み、劣る者は貧しくなる。そして必然的に優勝劣敗の現象が激しくなり、貧富の差が甚だしくなって、秩序が保たれないような危険が生じてくる。やむをえず、富む者が貧しい者を助けるとか、施しをするとかして、なるべく均衡を保ってゆこうとして頭を悩ますようになる。

社会主義の国では、価値は価格の背後にある本質的なものでなければならず、絶対的な価値の実体は、生産物の中に結晶している労働であると説き、物の値段は、その物の生産に必要な労働の分量によって決定されるべきであるという。

物の生産に加えられた労働力が価値の基準となって、その報酬が支払われるから、一日の労働でできた鎌は、一日で掘られた石炭と同価値というわけである。

米一石を作る労働力によって絹二反がつくられたとすれば、同価値と決定されてさしつかえないといって相対的な価格が決定されてゆく。

誰でも一日働けば、一日分のパンが与えられる社会においてのみ、平等と平和が建設されると見るのである。

しかし、この社会においてもいろいろな矛盾がある。鎌をつくる人も、絵を描く人も、政治家も、一日働けば、一日分のパンが報酬として平等に与えられる……で本当に満足するであろうか。異質の労働を計る共通の物指しはない。

また同一労働量を必要とする生産物でも、巨大な機械を使った場合は同価値ではすまされない。労働によって生産されない野菊や青空の価値は……労働時間に比例しないで価値があるものがある。

経済生活の矛盾から出発して、社会生活にもいろいろな困惑が現れる。

一日働きさえすれば一日分のパンを要求する権利があると考え、みなが平等に生きて権利を強く主張するに従って、平等という統制の枠も次第に強まらざるをえなくなる。

ところが、顔や形と共にいろいろな心をもった人々は、平等ということに窮屈さを感じるようになり、何とか統制の枠から自由を求めて、はみ出そうとする人間が現れはじめる。

両者は共に内部に矛盾を隠しながら、他方の悪口を言い合っている。

社会主義の国から見ると資本主義の国では、サイコロの目一つの出方で巨万の富豪となったり、真珠一個海底から拾っただけで一生安楽に暮らせるとか、資産家が資本や利子という不労所得によって年々富を増加する不合理、また働いても働いても食えないで乞食同様の生活に苦しむ者があるというような不平等は邪悪である。自由は不平等の出発点であり、攻撃されねばならないとする。

また一方、自由主義の国では、優劣がある人間に平等を押しつけると、平等はむしろ不平等になる。不平等こそ真に平等であろうと。乞食するのも自由の一つ、平等という統制の枠の中で強制的に働かされたり、またいつまでも働かねば食えないような社会はいやだという。すなわち平等よりも自由をまず叫ぶのである。

だが根本において、両者の以上のような考え方は、妥協の余地がないほど対立していることなのであろうか……。

二大主義の対立というが、一は自由を、一は平等を叫ぶ。しかし実際には、完全な自由主義もなければ、平等主義もない。自由の中に平等をたずね、平等の中に自由を求めているのではなかろうか。

外面的にみれば、両者は一が右といえば、一は左といい、自由といえば、平等という、資本主義といえば、社会主義という、全く正反対の立場に立つ者として激しく憎悪し合う。

だが二者の相違は、内面から見ると、単に縦糸と横糸の差にしかすぎないのではないか。縦糸と横糸をうまく調和させて、一枚の布を織るように、何とか両者の共存を計って、世界の平和を保ってゆくことは不可能であろうか。

争闘は、争闘の相手があってはじめて成立する。争闘の相手となりえるものは、共通の基盤、共通の利害関係をもつ者でなければならない。両者が一致した基盤とは、利害とは何であろうか。人々はただ一つのことを忘れているのではなかろうか。すなわち、両者は共に物の価値を評価する方法、基準こそ違っているが、「物に価値」を認めることにおいては一致しているということを。両社会の経済生活は共に「物」に絶対的な価値を認めて、その上に立っている。

例えていうと、両社共に「人間はパンによって生きる」と確信していて、ただパンを分け合って食べる方法で論争しているわけである。

右の者は、自分は身体が大きいから、またよく働いたから二片のパンが欲しいと要求する。左の者は、一人が二片とると不平等になるから一片ずつ分けようといっているわけである。

だが、この場の争いの解決法は、簡単だともいえる。すなわち、パンの量次第である。人々の欲望に対して地上の物質の量が相対的に多い時は、問題は自然に解決するであろう。

物資を豊富に積んで、平穏に航海している船の中では人々は「自由」に、好き勝手にパンを手にしても何ら騒ぎは起こらない。

だが一度、船が遭難して、人々が小さい船にわずかのパンを積んで漂流しはじめた時は、自由にパンをとるわけにはいかない。統制して平等に配分する方法をとるであろう。

自由に任してよい時もあれば、統制して平等の方が都合のよい時もあるというわけである。

しかし欲望に対して物資が豊富な時といったが、現実にはどうであろうか。一時的に、あるいは局部的にはそのようなこともありうる。しかし人間の欲望は、あらゆるものに先行して増大するために、人間が満足する期間というものは、極めて短い。常にすべての人の要求を満たすほど物資が多いということは事実上はないのである。

だからといって、常に物資が不足するから平等な配分を原則とする社会の方が賢明だというわけではない。小舟に乗って一片のパンを配分されて満足している期間もわずかであって、人々はすぐ、より多くのパンを求めて漂流の生活から逃げ出すことを望むものである。

したがって、人々がより多くのパンを目標として進む限り、左右両社会内の分配の論争に終止符が打たれることはない。

両社会は共に根本において「物」に至上の価値を認めて生活し、「物」の分配と争奪が論争の種となっているのである。

だがそういうと、唯心論の立場の者は「人間はパンのみで生きるものではない」と言いはじめるのである。

パン、すなわち物資に加えて、精神、心の優位を守ろうとしている。人間は物質生活も大切だが、精神生活も大切だと言っているのである。物質と心の二つに価値を認めようとしているわけである。

しかし彼らは、心の価値をにおわせてはいるものの、「心とはなんぞや」を真に追求しての結果ではなく、ただ物質に相対するところの精神を添えものとして、打ち出しているにすぎない。

したがって、唯物論の立場の者が、物質万能の考え方に徹して、人間の肉体から発生する心もまた物質の一つだと見て、物質に至上の価値を認めているのと同じである。

今ではすべての人が「人間はたとえ心がなくても、パンさえあれば生きられる」と確信している。

釈迦は「色即是空、空即是色」と喝破した。色とは物質を指す言葉であろう。

「物質は空だ、空もまた物質だ」と言った釈迦は、なぜこの言葉を繰り返し繰り返し絶叫せねばならなかったのか……。

物は空だ、虚しい、しかし空ということを知る心もまた物である。物は空、その心もまた空となることを釈迦は言っている。物は空、空と知る心も空、すべてを釈迦は否定しているのではないか。

現代の人々は唯物論者であれ、唯心論者であれ、心の底で物を肯定し、至上の価値を認めて、生活のすべてをかけている。

人々は物に絶対の価値を認めているがために、社会主義の国においても、資本主義の国においても、当然その獲得に全力を傾けるのは当然であろう。

もちろん人間は物の獲得のみが最大の目的ではないという。物質生活と共に精神生活がある。物質の獲得と共に高い精神の獲得に努力している……とも。

しかし、人々のいう精神生活とは、純粋な精神、物を離れて実在する心から出発した精神生活を意味するのではない。心即物、いうところの精神生活もまた、物質生活の延長にしかすぎない。現在のすべての人々の生活は、広い意味で物質生活である。

物質生活は物に価値があると信じた時から出発し、物の価値をどう評価するかによって、社会の人々にいろいろな波紋を投げかけた。

価値ある物を造り出した人に対する報酬をどう決めるかによって、資本主義の国ができ、社会主義の国ができた。

どちらの国でも物を生産し、物を分配することに力を入れた。物に価値があって、人間の欲望を満足させ、人間の生活を楽しくさせてくれる。物の生産獲得のため、資本主義では分業によっての強力な生産体制をつくった。社会主義の国ではすべての人々を労働者として強力な物質生産の体制をつくり上げた。右と左に向かって出発した両者は時がたつにつれて……欲望の増大、進展につれて、より多くの物をつくり、また獲得した。獲得と優越が最終目的である限り、最後まで激突を続けていく。しかし彼らは共通の基盤に立っている。

今は両者の比較や批評は放棄して、その根底をなす立場を批判して究明してみよう。

彼らは左右に別れて激突しているが、彼らは二者であって二者ではない。同一基盤に立つ兄弟でしかない。

例えてみよう。物質の山、富士山へ登る二つの群集がある。右の登山口から登る一群が自由諸国の人々である。左から登るのが社会主義の国の人々である。

彼らは共に「物」に価値を認めるという同一の立場から出発した。したがって、彼らの進む方向は共に山頂という同一方向であり、獲得しようとする目的も同一物である。ただ、たどった道が違ったのみである。

右の登山口から登る人々は、自由に我先に山頂を目指して登る。しかし、強者と弱者の間には次第に距離ができて落伍者も出はじめる。先頭の者が後から来る者を励ましたり、綱で引き上げたりもするが、時には登頂をあきらめる者も出る。

左の道から登る社会主義の人々は平和をモットーに互いに同志として手を握り、同一歩調で山頂を目指しているわけである。時には早く歩きすぎる者があれば引きずり下ろしもするが、弱い者には平等の保障が与えられて都合のよいこともある。

左右の道から登る人々は正反対の立場に立つ者として競争心を燃やし、激しくにらみ合いながら、一刻も早く山頂へ登ろうとする。早く山頂を極めた者が世界を支配しうると考えて……。

なお、よく見ると富士山に登っているのは、二大陣営の人々のみではない。富士山の登山口は無数にあり、右に近い道、左に近い道、また中央の道といろいろな道から、いろいろな主義をもった人々が登っているのである。

いわば講壇社会主義者、国民社会主義者、ケインズ学派の者、社会民主主義、自由社会主義の人々が四方八方から登っているのが現状である。

彼らは口々に右の道は途中で崩壊するであろうといったり、左の道は統制が厳しいからのんびりと旅するわけにはゆかないと批評したり、左右の道より我々の登る道が正しい本道だとか、近道だとかいろいろと論争しているのである。しかし誰も、どの道がよいのかを判定する者はない。だがよくよく見れば、右も左も、前の道も後の道も相対の世界であることに気づかねばならないであろう。

すなわち山に登る道は、見る立場の変化によって常に変転する。富士山を東から見て正面の大道と見えた右翼の道が、南から見れば極右の道となり、その時左と見えた道が正面の大道となっていることもある。また西に回ってみれば、先に大道と見えた左翼の道が右翼の道となり、昨日までの中道が左翼の道となっているというふうに、時と場合、見方次第で循環してつかみどころもない。

彼らは富士山の山麓に描かれた一つ円周上に輪状に並んでひしめき合っているのである。右も左も中央も共に一環の輪の一部でしかない。彼らは本来同じ一つの輪なのであった。しかし彼らはそのことに気づかない。

彼らは兄弟の泥仕合であることに気づかず、我こそは絶対の価値の把握者である、我が道こそ真の経済生活の大道であると確信しているのである。

物質の甘い山に誘われて這い登るアリのようにひしめき合って登っているのが、人間の経済生活の姿なのである。

彼らが目指す山頂には何が期待されるであろうか……。

右から左から山頂に登ってきた彼らが、物欲の炎を燃して最後の激突をする時、それは文字通り噴火山上の乱舞となるであろう。

人々は富士を見て富士を知り、富士山の価値を知ろうとした。物に価値があるという立場から出発して、右の道から左の道から、登って山の高さを計ろうとした。

だが富士を知りえたのは彼らであったろうか、彼らが評価した富士が真の富士であったろうか。

私はここに第三の立場のあることを指摘したい。

一枝の花を手折って、悠然と富岳の白雲を眺める立場である。

富士は登らねば判らなかったか。

登って森林地帯を抜け、草原を這い、雪渓に立ってはじめて富士を知りえたといえるであろうか。

分別智は、無智への第一歩であった。富岳の価値は、無分別にしてなお知りうるであろう。

人々は、わらじをはいて、過去、現在、未来も休む暇もなく、春を尋ねて富岳の麓を彷徨するが、春を尋ねあぐんで、我が家に帰り着いた時、庭前の梅花一輪の匂いにはじめて春を知って感泣するのである。

富士は富士にさまよっても判らない。

山麓に大座して、不動、不惑なる者にしてはじめて真に富岳を知る。

第三の立場は、山麓を取り巻く円周上にはなく、円の中心に実在する、名なき立場である。現在の経済学が手をつないでつくり上げた一環の輪を断ち切って飛び込んだ世界である。

相対の世界を脱却し、「物」に価値を認めない絶対の立場に立ったものである。

もし、物に価値を認めないとすれば、すべての経済学の基盤は崩壊せざるをえなくなり、経済生活は停止するのではなかろうかとの危惧を人々は抱くものである。

しかし、一八〇度転換した世界がないわけではない。富士に登らなくても、大洋に扁舟を浮かべて釣をする道があるはずである。

往く道があれば、帰る道もあろう。ちょうど科学的農業経営法に反逆して一八〇度転換しても、自然に還った立場での農法（後述）がありえたように……。

人々の肯定する物の価値を否定して、その彼岸にある真の価値を見出そうとする考え方を卑近な例えをもって述べてみよう。

（1）衣の価値

現代では、美しい衣服が、人間の身体を寒暖から守り、また飾るための装飾品として人間生活に最も重要な物の一つとなっているが、どのように評価されるのが正当であろうか。

現在、衣服は身を護る実用的価値より、美的な装飾品としての価値の方がより大きい地位を占めている。

しかしその美が、真実の美ではないためにどのようにでも転々と浮動してゆく。一、二の指導的衣料裁断家や商人の宣伝によって、昨日はエレガント、今日はマンボスタイル、明日は落下傘スタイル、次はサックドレスだとか、やがてかかしスタイル、やっこスタイル、昨年は赤が流行、今年は緑、来年は紫と、売らんがために目まぐるしく次々と新しい理屈をつけたスタイルや色彩が売り出されると、自分の審美眼が疑われては恥とばかりに、無理算段しても流行にすがりついていく狂態を演ずる。

衣料の価値は現在では衣料そのものの価値から離れていって、裁断料、デザイン料、流行の先端品としての料金、果てはデザイナーの名前料までが加算され、広告料が付加されたものが衣料の値段となっている。

人はもう衣料を買っているのではない。デザイナーの巨匠ディオールの名を買っているのである。

もちろんこのような衣料も競って買う人から見れば、衣料から喜びを与えられる、人生に生きがいを感じさせてくれるというであろう。

しかし、真の美しさにはるかに遠ざかった虚影の美服から与えられる喜びは、また虚偽の喜びでしかない。常に裏に醜を隠した美は、常に悲哀を伴う喜び、一喜があれば一憂がつきまとう喜びしか人間に与えない。

虚偽の美服に捧げられる高い評価が、果てしない邪悪の種を社会に流し、美服のために投じられた労働もまた無益な奉仕にしか終わらない。

衣料は人間の真の目標には直接的な重要性はない。ただ最小限度身体を護るための一枚の布切れが価値あるものとして認められるのにすぎないであろう。

衣料に対する無目的の価値判断が恐ろしい結果を社会に流していることに、人々は無頓着でいるが……。

指につけたダイヤの指輪、真珠の首飾り、ルビーの耳飾りなどにも、衣服同様、誇大な価格がつけられてなお人々から愛玩されているが、正当な価値判断によるとはいえないであろう。

第一稀少物質として高く価値づけられているが、人間にとって真に尊いものに価値がある立場から見る時は、稀少価値は認められないのである。

稀少でしかも美的だとされるこれらの宝石類は、本当は美しいのであろうか。美ということを否定しないまでも、朝日に輝く草葉の露のきらめきは、ダイヤや真珠の輝きにも匹敵しないだろうか。

桜の花びらの赤色、紫陽花の青色、藤の花の紫、これらの色はルビー、サファイヤなどの宝石の色に勝るとも劣りはしない。

人間の周囲には美を知る歓びの対象はこと欠かないはずである。僻地に、南亜のダイヤ、南海の真珠、蛮地のルビーを探し、身に飾るまでもないのである。中華の娘は、頭の髪の中にオガタマの白い香りの高い花を挿した。日本の娘も桜花の一枝を頭に飾ればすでに充分であろう。

それ以上は人間を真に美しくするのに役立たないで、心あるものに虚飾の醜を感じるのみであろう。

豪華な夜会場で舞い狂うためには、その場にふさわしい立派で豪華な夜会服が必要と思い、真珠の首飾り、金の腕輪、ダイヤの指輪が最高の価値を発揮する、価値あるものとして目に映る。一夜の歓楽に人生の生きがいを、最大の喜びがそこにあるものと信じている人達が、夜会服やダイヤに最大の価値を認めるのも当然である。

もし夜の宴会が、真実人間にとって悔いのない喜びとなるのであれば、もし彼らの食べた料理が、美酒が真に人間に喜びをもたらすものであれば……。

……だが彼らの喜びは文字通り一夜の夢でしかない。

ダンスパーティーの会場にぼろ布を着た男がのこのこと入って行けば、人々は眉をしかめてつまみ出すであろう。

しかし、もしダンスパーティーの最中に、七色のネオンに彩られた、彼らの舞っている舞踏場が、そのまま突然太陽の光り輝く白日の下にさらし出されたとしたら、彼らの歓喜の乱舞がそのまま続けられようか。

ネオンが太陽の光に切り替えられ、彼らの心をそそり立てていた音楽の代わりに、犬や鶏が乱暴に走り回り、その周囲を泥にまみれた百姓が取り巻いてゲラゲラ笑っていたとしたら……。

どんな紳士も淑女も一時に酔いが覚め、味気ない顔を伏せて逃げ出すであろう。その時夜会場では、長い夜会服を着て女王のように振る舞った女の姿ほどみじめである。泥田で汚れた夜会服は、立派であればあるほど醜くなる。高いハイヒールほど泥道を歩けば滑稽になる。ダイヤの光も朝露のきらめきの中では光を失うであろう。

彼らが信じる価値は、その周囲を取り巻く舞台装置を一変するだけで、その価値を一変する。ということは、人々が信じる喜びも時と場合で、悲劇にもなり喜劇にもなることを意味する。

人間の喜びも悲しみも風と共に来て、風と共に去る。

はかない喜びや悲しみのために捧げられる物質に、衣服やダイヤにどれほどの価値があろう。豪華な舞台では美しく見えた衣裳もダイヤも、舞台裏に脱ぎ捨てられてみれば、ただの紙の衣であり、銀紙にしかすぎなかったのと同様である。

だがそれが芝居であれば、その衣裳も偽物の衣裳で済ませる。

人間のダンスパーティーは喜劇であっても、芝居ではない。大真面目な紳士、淑女の集まりである。一夜の虚栄の歓楽が一夜の夢に終わったとしても、終わらないのは本物の夜会服であり、ダイヤである。

はかない享楽のために幾十人、幾百人もの職人が額に汗を流して働いてゆかねばならないのである。

衣服に対する、ダイヤに対する価値判断の基準が、無批判に加えられた労働時間や、需給の関係によって決定されたのでは、社会はいよいよ混乱と邪悪の世界へ転落するのみである。

（2）食の価値

ここに一皿の料理があるとする。社会主義の国では、この料理の価値を決めるのは簡単である。この料理を作るのに一日かかった料理人は、一人役の日当が支払われるであろう。

資本主義の国では、この料理を作った料理人に支払われる報酬は、いろいろである。この料理の価値はおいしいか、まずいかで決まる。したがってこの料理がおいしいということになって、お客が押し寄せると、この料理の値段は何倍にもなり、料理人の懐にも一人役以上の何倍かの報酬が転がり込むことにもなる。

また、この料理を盛る皿が銀の皿であったり、食卓に生け花が挿されていたとすると、この一皿の料理の価値はまた変わってくる。ちょっとした工夫次第で共産主義の国の者が、それは不労所得であると攻撃するような、料理人は思わぬ大金を得ることもできる。でも需要と供給の関係で、希望者が多ければ値段が高いのは当然であると考えるのである。

食物は人間が生きるためのものであるとする共産主義の国では、食物の価値は、この食物がもつ栄養価値であり、この栄養源をつくるのに要した労働量に対してのみ食物としての価値が認められる。

食物を銀の皿に盛ったり、食卓に花を飾ることは無意味でぜいたくなブルジョア趣味だとけなし、殺風景な食卓で一律にみんなが同志だから同じように同じ食物をとる。それも当然のことであろうと考える。

この世に貧富をつくらないために平等な生活からはじめねばならないのは当然である。共産主義の国の者は、銀の皿や花をこの料理の中に認めることが料理人の報酬を過大にする元となり、同じ料理人同士の間に非常な差別ができ、その差別が貧富の出発点となると主張する。

自由主義の国では、食物は人間の食欲を満足させるためのものであり、栄養価値よりも味の方が価値決定の重要要素となる。お客が満足して帰ればそれでよいのだから、おいしく食べさせればそれでよい。だから皿も食卓の花も大切な役割を持つことになる。

自由主義の国では銀の皿も食卓の花も料理人の頭脳の働きに対する正当な報酬であり、頭脳的に優れた料理人が富者となるのもやむをえない。

人間に優劣がある限り、貧富の差ができるのも当然と考える。

両方のどちらの社会にも言い分があり、よりよい社会をつくるためには自分たちの評価の仕方が正しいのだ、ただ一つの方法だと主張している。

しかし、腹の底では両者共に立派な食卓で立派な食物をとることを望んでいることは、間違いのない事実である。なぜかというと……。

唯物論の見方では物、食物に価値を、唯心論では食物から出発する味に価値を認めている。味がよいというのはその食物の作り方や品質がよいからであり、まずいのはその質が悪いと考えているから、味もまた物の一種といえる。

両者共に価値を認めたのは物といい、心といっても共に食物という一つのものから出発していることは間違いない。共に食物という物を食い、味というものを味わって価値を決定しているからである。

両者の争いは例えてみると、腹は一つで手足で喧嘩しているといえないこともない。

しかし、物に価値があるのか。本当に食物に味があったのか。食は、食にあって食にないことは、すでに繰り返し述べた。人の食っている食物の味は、食物から出発しているように見えて本当はその食物から出ているのではない。その食物を食べる人によって、時期によって違ってくる。ある者には美味でも他の者にはまずく、ある時はまずくても、ある時にはおいしいということは、人間は食物をとっていて食物をとっていない。味を味わって味わっていなかった、ということである。

人間の真の認識は不可能だと言った。人間の認識不可から出発して、人は物を知りえない。一つの食物、味というものもまた知ることができない。本当のことがわからない人間には、本当の価値を決めようもない。

人間の決めている価値は、そのものの真の姿に対する正当な真価ではなく、人間が誤って認識している虚体、虚姿に対する偽り、錯誤の定価表にすぎないのである。

一つの食物に対する真の価値を知らねば、またそのものを作った料理人に支払われる報酬もまた正当な代価にはならず、でたらめに終わる。

白布が敷かれ、花の飾られた食卓で、銀の皿に盛られた食物は、同じ食物でも、うす汚い食卓、欠けた陶器の皿に盛られた場合よりも高く評価される。美しい花、皿と見える人々にとっては食卓の環境が食欲に影響し、食物の味に関連するからおいしくなる。価値も高くなるのは当然と考えている。

しかしこの場合、忘れてはならない。人々はすでに食物を食べているのではなく、その環境をも食べているということを……。

皿に盛られた食料と共に人々は、その皿を、花を、極言すると現代の人々はその定価表を食べているのである。

人間の食物に対する感覚はすでに食物を離れて、目で見ておいしい料理、鼻で嗅いで香り高い料理を、その耳には快い音楽を聞きながら食事をとらねば、食事をした気がしないところまできている。

大都会の高級なレストランでは、もはや食物や酒は食事の主体ではなく、ほんのわずかな食事の添えものの位置に転落している。

おいしい立派な食器の中に、食物は何でもよい。チョッピリ珍しいものであればよい。手をかえ品をかえ、人々の食味をまどわす、舌をごまかすような料理のほうが高級な料理となる。何ともいえない珍しい、複雑な味さえつけて出せば、高級レストランでは法外な代価を要求してもさしつかえはない。

料理の中味よりも、その料理を捧げてきた給仕人の礼服の良し悪しが、食事代を決定する。人々は酒に酔うよりは、舞い狂う美女や、演奏されるドラムの音で酔い心地が決定される。

食も食味も食物にあって、すでに食物にない。したがってその食物に対する評価は、食物に対する評価ではない。食物の真価が価値となっているのでもない。

人々はパンを食べていて、すでにパンを食べていない。人間はパンやパンにつけるバターよりも、食卓や皿や音楽が気にかかる人間になっている。

社会主義の国の人が「人はパンで生きている」と思ってパンのみつくればよく、パンをつくる労働者に正当な生産費を支払っておれば、世の中の人々が平等に、平和に生きてゆけると思っていても、世の中は片づかない。パンの代わりに労働を食う虫と堕した人々。

自由主義の人々は美女や音楽に取り囲まれて食事をして得意になっているが、パンを食べて、パンを食べていないことに気づかない彼らが、やがて青白い夢遊病者となっていることに気づかないのは当然であろう。

真にパンを食べる者のみが、パンの真価を知り評価しうる。パンを食べて真にパンを食べる者は……。

田んぼの畔ばたで、にぎりめしをほおばる百姓は、飯を食べている。飯を食べて飯を食べる姿がそこにある。

頑健な肉体、心よい空腹。青空の下で、微風に体をなぶらせながら、米と塩の味のにぎりめしを食べる姿、この無心の姿においてのみ、米は真に米の味として味わわれ、塩は真に塩としての価値を発揮するのである。

米の真価を知ることができる者があるとすれば、それは百姓といえる。魚の真の味を知る者は、その魚を風波の高い海にとる人々である。子供であり、赤子なのである。

無心にして食べる者のみが、その真価に近づく。物を思い、見聞きして食べる者には真価は判らない。

百姓も飛ぶ雲の速さを見ては、秋の実りが風に荒されることを心配したり、家庭の暗さを気にしては、米の味も、もはや米の味とはなりえなくなる。

一つの物に真価が、絶対的な価値がないわけではないが、不幸にも人間にとっては、一つの食物の味が時と場合で異なるのと同様に、物の価値は常に変転して、不動の価格はない。

真の価値は、無心の世界において評価されても、実際の価格は有心の世界において決定されるがためである。

したがって、高級な料理店で食べた飯の味の方がよいように彼らは錯覚し、より加工され、粉飾された米の味こそ、米の真価とさえ思うようになるのである。

野原に腰を下ろして食べた米の味よりも、都会の高級レストランで食べる加工された米の味がおいしい、本当の味のように思えるがために、彼らは高い代価を払っても満足するのである。

真価がそのまま真の価格とはなっていない。そこに社会の経済生活の第一の誤りがある。物の価格が、生産されるまでに要した労働力によって決定されたとしても、その生産や加工が、そのものの真価に関係がない場合には、その加えられた労働力も無意味である。

またいくら買い手があるからといっても、そのものの真価とは全く遠ざかるような、またその真価を失わせるような粉飾に高価な価格を認めることは、無益であるばかりでなく、有害である。

例えば、米価が生産されるのに必要な労働力と、使用された資材を見積もって決定されるという生産費法則も、究極的には相関的に循環してゆく交換価値決定の意味しかない。また必需品が需給関係によって決定されるべきものでないことは明白である。

米価は米が真価を発揮する時の価値をもって、つけられねばならない。

物の価値は、そのものの真価が、人間の真の目的に対して、どれほど重要性をもつか、役立つかによって決定されねばならない。

現今では、物の真価を見出そうとする努力よりは、できるだけごまかして価値のあるものに見せかける努力に汲々としている。またその物が、人間の目的に対してどれほど役立つかどうかは問題ではなく、人間の我欲をどれほど満足させるかに重点がおかれているのである。

現代の物の価値判断は、全く無目標状態において放任されているともいえる。根本において人間は真の目的を見失った。盲目となった時から人間は、物の価値を決定する基盤を見失ったともいえる。

高級レストランで、複雑な料理法が加えられた、牛の舌、豚の尻尾、鳥の目玉などの珍味の中に、にぎりめしが出されたとしたら、客はにぎりめしには見向きもしないであろう。

このような状況下では、米の真価は消失してしまう。

人間が生きてゆくために、そして幸福に暮らすために、豚の尻尾にどれほどの価値があろうか。

しかし世間では、このような愚劣な珍味が米の何倍もの価格で取り引きされて不審はないのである。人々は一握の真珠よりも、一片のパンを求めた時のあったことを忘れているのである。

社会主義の国では「労働力」や「労働の苦痛」が価値判断の基準となり、資本主義の国では「需給の関係」や「限界効用」が価値決定の要素となった。

私は今、物の真価は「人間の最終目標にどれほど役立つか」によって決定されるべきであると考えた。

現代の社会で、いずれがより正当であるかを考察してみよう。

労働力は何時も神聖で尊い、また同等の価値があると見るのは間違いであろう。

一片のパンをつくるのに費された労働と、軍艦や大砲製造に使用された労働力は、同じ価値を有するものではない。

稲を刈り米をとる労働も、真珠を海底に探す労働も、同じ労働には違いないからといって、作られた米と真珠が同価値と決定されては困却されるであろう。

労働力を物の価値判断の基準としながらも、その矛盾に悩まないわけにはゆかない。

資本主義の国では、物は常に真価が問われるのではなく、高い値で売れる物、交換価値の高い物、儲けの多い物をつくればよいわけである。したがって売れやすい物、需要の高い物、すなわち人間が欲望に追従する物を探し出して儲けるには、真価などはどうでもよい。むしろ真価以上にだまして高い値段で売りつけることに努力するのは当然である。

娯楽映画に娯楽雑誌、娯楽器械のパチンコ、酒に肴に女にと人間の欲望の走りやすい方向の仕事であれば、需要も多く、儲けも多い。その生産や消費に従事する労働が、人間の真の目標や幸福にどう影響し、どう関係するかなど問題ではない。

社会主義の国においても、自由主義の国においても、物の真価が追求されているのではなく、単なる交換価値を決定する基準と方法の相違が議論され、戦わされているにすぎない。

終局において彼らは、物欲の奴隷の地位に転落し、逢着するところは、獲得の幻影に踊り、争奪の現実に苦悩する修羅の巷でしかない。

私は物の真価を「人間の目標」で計ると言った。

人間の目標といっても、簡単に言えば、人間が日々幸福に喜びを感じ、生きがいを感じながら生きてゆくことができればそれでよい。とすると、いろいろな物は、人間の幸福に対してどれほど重要か、またどれほどの喜びを与えるかが、その物の価値となる。とすると、日常目に触れる物はどんなふうに評価されていくか。

(3) 住の価値

住宅には人間が楽しく食事をし、静かに安息できる寝床をとることができればそれで足りる。それ以上の効用をもち、より高い価値をもたそうとすれば過ちの元となる。

大昔の人間が穴の中で寝たねぐらも、現代人が木や石でつくった家、コンクリートの高層建築のうちにつくった寝床も、寝床としての価値に大差はない。

人は一畳の上に寝ても、十畳、百畳の上に寝ても、結ぶ夢は同じである。

広壮な建物は人間にとって無駄なことである。しかし、現在では住宅はただ寝たり食ったりする場所ではなくなっている。文化生活を楽しむための根拠地の役割を果たすものと考えているかのようである。したがって、住宅に対する近代人の価値評価は高い。

食事も単に食事をする場所があればよいというわけではない。清潔で便利な台所、美しい食卓、食器が食堂に備えつけられねばならない。

寝床もただ藁の中に頭を突っ込んで寝るわけにはいかない。豪華な寝台に絹の羽根布団、赤や青の電灯で照明された寝室、もはや単なるねぐらではない。

文化生活と名のつく家庭生活には、聞くためのラジオ、レコード、見るためのテレビ、話すための電話、食事用の冷蔵庫、料理用の電気器具、掃除機、洗濯機等々が絶対必要品として備えつけられるようになる。

だが、このような文明の機器、器具を完備した家庭の中に、高い文化生活が、生活を楽しむという本当の楽しみが、そこに見出されるであろうか。

完備した食堂で複雑に調理された料理を食べる近代人には、もはや百姓が食べるにぎりめしの味はわからない。

高級なホテルの絹の布団の中に本当の熟睡があると思うか。人間には、家庭の薄暗いせんべい布団の中にこそ安眠熟睡がある。動物としての真の憩いがそこにある。

新聞、ラジオ、テレビなどに取り巻かれて暮らす生活が、真に価値のある文化生活であろうか。

自分の心眼でものを見ることを知らず、自分の心耳で音楽を聞くことを忘れ、自分の頭でものを思うことすら忘れている近代人の生活が、人々が誇る知的な文化生活とはなりえない。それは高い文化生活ではなく、堕落した機械生活でしかない。

都会のホテルでは戸口に立てば扉は自動的に開き、歩かずしてエスカレーターは体を部屋に運び、室内の温度は自動的に冷暖房装置で調節され、一定の時間がくればコンベアーに乗って食物が、飲み物が人手を借りないで運ばれてくる。レコードは自動的に動いて喜びの曲を、悲しみの曲を、ワルツを、ジャズを適当に組み合わせた音楽を次々に演奏してくれる。

テレビに映る画像は、室内にいながらにして、エベレストの高峰登山の壮観に身を引きしめてくれ、あるいは深海の底の生物探究にも案内してくれる。

もうここまでくれば十二時がきて時計が自動的に鳴って消灯され、おやすみの曲がレコードから流れ、人は自然に睡眠に入ってゆく……時がくるのも間近であろう。

人間は今や頭にはアンテナを立て、耳にはイヤホンを、目の代わりにカメラを、口にはマイクをつけ、足にはタンクをはいた人造の機械人形と化しつつある。

頭の中でものを思い考える代わりに、新聞、ラジオ、テレビがあなたを動かし左右している。まもなく次の時代には電気計算機や電波受信機などがすべての判断をしてくれる。手足もそれらの機械が動かしてくれるであろう。

人間は人造人間をつくるまでもない、自らが人造人間と化していくのである。

このように人造の機械人形化した人間が感じる喜びや悲しみの感情は、本当の人間の喜悲とはなりえないであろう。

喜びも悲しみも、舞台俳優が舞台で流す涙でしかない。テレビを見て流す感激の涙が、人間の心を至粋な境地に導き入れてくれると思うのは錯覚で、自ら芝居する道化役者へ転落していることに人間はもう気づくべきである。

偉人の心は偉人のみが知る。芸術家の境地は芸術家のみが知る。どんなに上手に偉人をまねて芝居をしても偉人の心は判らない。また芸術家の心境になれるものでもない。

人間を道化役者にするために、喜劇の人造人間とするためにあまりにも多くの努力が、文化の名のもとに、智恵ある人々によって遂行されてきた。

文明の利益と呼ばれるすべての物がもつ価値に対してこれに反感を持ち、あるいは時に疑う者はあっても、真正面から否定してこれを攻撃する者はない。

二十世紀の巨大な怪物は人間以外にない。

人造人間という巨大な怪物の横行を防ぐ理性は、もう人間から失われてしまったのであろうか。

我々は、まず働くよりも、つくるよりも、前進するよりも静止し、沈思して、人間への復帰の道に帰るべきではなかろうか。

人間は価値ある何ものも所有してはいない。

すべてを否定して人間は再出発せねばならない。

物の価値判断は、まず人間を発掘し、人間の真の歓びが何によって発するかを把握した時、自ずから解決されてくるのである。

労働に価値があるのでもなければ、物に価値があるのでもない。

人間は、価値ある何ものも所有してはいなかった。

価値なきものに価値を求めて苦闘する人間の経済活動の終焉の時は、近づいているのである。

大地に突き立てられた一本の杖……。

これはなんでもない杖か……。

これは一閃うなりを生じて、万界を破砕する杖なのか……。

持つ人によって千変万化する……。

自然農法

真理は常に不変でなければならない。

いつ、どこで、誰が、実践しようとしても適合する理論でなければ、その理論は真実のものではない。

前述の理論は、この複雑な社会機構の重圧の中で、小さく生きている一人ひとりの人間にとっては、とうてい実践できるような理論ではないとも見える。

では、ただの閑人の空論に終わるのであろうか。

生きている哲学とするために、実践不可能なことかどうかを実証するために、たどってきた百姓としての足跡を振り返ってみる。

百姓と哲学

私は何を思いながら、どんな百姓を営みながら生きてきたか……。

私は常々、その目標を尋ねられた時、「何もしない百姓」と言っていた。

何もしないで生きられるか、何もしないで農作物が作れるであろうか？……。

無為にして生きてゆく道。生きるのではない、生きているのが人間である……と同様、作物は作られるのではない、植物は生長していくものであるとする確信をもって出発した農法を、現実に行うために、一歩一歩前進しているのが私の現状である。

一歩一歩という漸進的な言葉は、理想と現実の世界がはるかに遠く隔たっているということを意味しているのみではない。

現実の此方の岸と、理想の彼岸の世界との距離は、いわゆる時間と空間とをもって表現できる対象ではない。その距離は無限大である。

現実の岸から彼岸への架け橋は、普通の橋のように、設計し、建設し、そして一歩一歩渡るというふうなことが可能ならば、その説明も可能であり、その目的への到達も時間と努力で確約される。だが、ここに創ろうとしている彼岸への橋は、たとえその両岸が明白な存在であっても、その空間は無限の谷間なのである。両岸を結ぶ手がかりは何もない。もともと架けるべきすべのない橋ともいえる。

無限の深い谷間をもって隔たっているこの両岸を結ぶ橋を架けるのには、材料もないが方法もない……が、彼岸も見える……ということを直視する時、無手段という手段が可能となることを知ることができる。一瞬にして虹の架け橋のように……。

両岸は本来、無限大の隔たりをもつともいえるが、無限小の距離にあるともいえる。

すなわち、彼岸の世界の現出は、永遠に到達しえない道ともいえるが、即座に可能ともいえる。

両岸は本来は同一物である。

両岸が、両岸として対立する限り、橋は無限の隔たりのために架けようがなくなる。

両岸を同じ大地と知って足をかけるならば、両岸はもはや両岸でなく、無限の谷間も一歩の溝とも変じ、橋もなく、すでに渡り終わっているのである。

私は理想を実現化するために一歩一歩前進していると言ったが、本当は前進ではなくて、後退しているのである。一歩一歩橋を渡るというよりは、人間が相対の世界に架けた幻影の虹の橋を一歩一歩消していって、両岸を同一の世界に化そうと努力しているにすぎない。

橋を渡れば、橋は無限に延びる。橋を渡ることの愚かさを知って人間が岸頭に立てば、橋は不要になる。

作った植物も、生えている植物も本来、同一物である。植物を作ろうとすれば、無限に拡大する労苦の橋を渡らねばならない。植物が生え、生長してゆくことを確信すれば、そこに居ながらその実を取ることができる。

私の努力は前進の努力ではなく、復帰への努力である。橋をつくる努力ではなく、橋滅却への努力である。

作物を作る努力ではなく、作物を作る以前の立場への復帰の努力である。

私は作ろうとすることを止めて、一木一草の真の姿を凝視する。一木一草の姿に、その心に、日々脱却し、近づくことをただ念願し、努力しているのみである。

「何もしない百姓」とは、具体的にいってどういう百姓であろうか。

できうる限り、あらゆる農作業を止めてゆくことに努力する百姓である。現在の農業技術の価値を否定していくことにもなる。精農の農業ではない。惰農の農法ともいえる。したがって、奇怪で風変わりな農法とも見られるかもしれない。

しかし私は、特殊な時と場合にのみ可能な百姓となることが目的ではない。最も普遍性のある、最も楽で、楽しい農法の確立が目標なのである。

こうすればよくなる、増産ができる、ああもしなければならない、こうもせねばならぬというふうな方向へ進んで来たのが、現在の農業技術である。

こうしなくてもよい、ああしなくてもよかった、という方向へ向かった技術……すでに技術とはいえないかもしれないが……、ちょっと考えると消滅的な後退とも見えるが、終局の道への近道となり、また大道とも信じる。

なすことの多いのを誇る技術によってあくせくするより、なすことなくて満足し、悠々自適する百姓が目的なのである。

科学技術の価値を原則として否定することは、最初の出発点においての立場を異にすることでもある。科学的農法に対して、ここに私のいう農法を「自然農法」として、その立場の相違を述べ、またその相違が具体的にどんな結果を生んでいくかを検討してみよう。

科学的農法

科学的農法は、唯物論の立場に立った農法であるといえる。作物を物と見る、その物質を人間の認識が可能であるという立場に立っている。すなわち人々は、分別智によって植物を認識することができ、分析していくことでますます深く、正しく植物を知ることができる。分析して得た物質を組み立てることで、最初のものを間違いなくつくることができると信じる立場に立っている。

だが、人間が認識するということは可能ではない。認識しえたと信じる現実の姿は、実在する作物の真の姿ではなく、虚影を実体と錯誤しているにすぎない。したがって、組み立て再生した姿も虚姿とならざるをえない。

そのため科学的な把握、すなわち智恵はいつも絶対の真理とはなりえない。いつもある場合、ある条件のもとでは、こう言いうるという程度のことにしかすぎない。

だから、こういうこともよい、またああすることもよい、この場合にはこんな農法が、またある場合には違った農法が成り立つことにもなる。

したがって科学的農法では、いつの場合も最終の結論はない。絶対的に正しい農法、最もよい農法というものはない。結論のない道である。科学の道は永遠の道で、到達することのない道である。常に右し、左しながら何らかの一時的な結論に満足しつつ、無目標に進む道である。ちょうど暗夜に灯火をかかげて、足元の明るさのみに頼ってさまよう姿と同様である。

科学的農法では、常に深く掘り下げた研究が続けられ、新しい事柄が発見され、新しい道が拓かれ、日々次々と変わった作業が加えられていく。

だがそれはますます深く、ますますやっかいな泥沼に踏み込んだことになる。というのは人間の分析智は、より極微の世界への突入を意味するもので、そのため全体の姿を見失い、真姿の把握からはますます遠ざかるからである。

科学的農法は真姿という結論に近づく道ではなく、ますます結論に遠ざかる道である。無限の研究と人智を重ねてなお、ますます不明に陥り、その苦労も果てしなく拡大し、深刻化していく。日々不安定な農法に頼る焦燥感に悩まされることにもなっていく。

自然農法

科学的農法が唯物的農法とすれば、自然農法は唯心的農法といえるかもしれない。無分別の智による農法ともいえる。だから解剖や分析によって植物を知ろうとする方法はとらないで、実在する実相を直観して結論とする。

虚相である現実の姿を、実相という結論に結びつけた農法である。だが真姿（実相）に現実の姿を結びつけるといっても、本来は真姿から遠ざかった現実の虚姿を、もとの真姿へ帰らせるのにすぎない。

科学的農法が真姿（実相）から遠ざかっていく農法であるのに対して、自然農法は逆に遠ざかった農法を真姿の方向へ引き戻そうとする農法ともいえる。

科学農法は人智と人為を無限に加えようとする、終局のない、すなわち無目標の農法であるのに対して、自然農法は結論が出ている。すなわち、人智と人為を排除していって最後には何もしないことがその結論であり、この結論を目標として進むことができる。
科学農法が無目標、無限の努力、無限の複雑化への道であるのに対して、自然農法は目的が明確であり、努力は有限であり、農法は日々単純化され、苦労はますます消滅していく農法である。
自然農法の最終の目標は「何もしない百姓」ということになる。
何もしない百姓、何もしない農法「自然農法」とは、現在一般の農家が実行している農法では絶対必要だと信じられているいろいろな作業、例えば、
百姓の最大の重労働となる中耕が、「不耕起」へ
百姓が絶対必要とする肥料が、「無肥料」へ
百姓の最大の苦労の種となる除草が、「無除草」へ
百姓が最も頭を悩ます病虫害が、「無農薬」へ
でよいという農法である。
百姓を苦しめている多くの仕事が不必要となる農法の確立が、可能であることを解くには、その一つ一つの具体的な事柄についての考え方と、実際の実例と、科学的農法による場合との比較検討がなされねばならないであろう。

(1) 不耕起論

田畑を耕すことは、百姓にとっては重労働であり、また農作業の主要部分を占めている。百姓を

することは、田畑を鋤鍬で耕すことであるといってもさしつかえない。

その耕起が無用となれば、百姓はずいぶん違ったものになる。

不耕起論の前に、なぜ耕起が必要と考えたか、そして耕起によって本当にどんな効果があったのか、検討してみよう。

人々は、作物の根は水と空気と栄養分を求めて深く地中に入っていくと考え、水と空気と栄養分をより多く補給することが、作物の生育を助けると確信している。

したがって、土地をよく除草して畑をきれいにし、たびたび鋤鍬で耕してやれば、土地は膨軟になり、空気はよく入り、硝化作用が盛んになって、有効性のチッソが多くなる。施した肥料も地中に入って作物によく吸収されると思っている。

もちろん化学肥料が地表に散布された時は、鍬で地中に打ち込むことは、肥料の効果を上げる上で役立つであろう。しかしこれは清掃農地で肥料を施した場合のことで、草生農地や無肥料栽培の場合は様子が一変する。耕起の必要性は別の立場から検討されねばならない。

また硝化作用によってチッソ成分が増えても、それは自分の身を消耗させて一時的得策となっているにすぎない。

耕起すると土が膨軟に、空気の浸透もよくなるのに対して、耕起そのものは逆にむしろ土は堅くしまり、通気も悪くなるというのが本当ではないか。

田を鋤ですき、畑を鍬で打つ時、その時一時的な目で見れば土壌には空間ができ、土は軟らかくなったように見える。だが、これは大きい目で見れば、ちょうど壁土を練るのと同様、またコンクリートを練るのと同じで、鍬で土を耕せば耕すほど、土の粒子は小さくなり、その土の分子の物理的配列状態は並列的となって、分子間の空間は少なくなり、したがって土は堅くしまってくることになる。

一時的にせよ土が軟らかくなるのは、堆肥などが施されていて耕起と共に地中に埋没した場合のみである。普通のように除草され、きれいになっている畑で、耕起が繰り返し、丁寧に行われる時は、土の団粒化は破壊され、土の粒子は微細になって固結してゆく。

田の場合も同様で、たびたびの耕起が何の役にも立っていなかった事実が、水田の耕起において最近明瞭になった。普通、水田では五回から六、七回の耕起が必要とされ、篤農家は競ってその回数の増加に努力してきた。水田の土が軟らかく、空気もよく地中に入ると信じて。長い間、確かに誰の目にもそう見えていた。

ところが戦後除草剤ができ、これを散布してみると、耕起の回数が少ないほど、むしろ収量が多いことが判明してきた。これは耕起が除草を兼ねた作業であったため、除草の効果があったのみで、耕起としての効果は何もなかったことを証明している。この事実は耕起という作業が、一般の人が期待するような効果とは逆な結果になっていたことも意味している。

耕起作業が無益だといっても、土地の中の空間を多くし土を軟らかくすることが不必要なのではない。いや、誰よりも、土地の中には豊富な空気と水が必要なことを強調したいのである。

というのは自然の土は、年を経るに従って多孔質になり、膨軟になるのが本来の姿であり、土地の中に微生物が繁殖し、地力が増大するためにも、また木の根が深く地中に入るためにも絶対必要であると確信される。

ただ土を膨軟にするために、人為的鋤鍬で耕すことは無益であり、むしろ有害でさえある。このことから、土のことは土に任せておけ、土の肥沃化も膨軟化も自然の力で、人が手を加えなくても達成してくれると考えるのである。

鋤、鍬で耕しても、耕せる表土の深さは普通一〇センチから二〇センチにすぎない。表土の耕耘は雑草に任せる。あるいは緑肥を雑草の代わりにすれば、その根は三〇センチも四〇センチ以上も耕してくれるのである。

緑肥の根が深く土地に入れば、その根と共に空気も水も地中に浸透してゆく。その根の枯死と共にいろいろな微生物が繁殖し、その死滅や交代と共に腐植は増加し、土は軟らかくなる。腐植のある所にはやがてミミズが増え、ミミズがおれば、モグラもまた土の中に穴を、空間をあけてくれる。

ミミズが猛烈に繁殖する条件さえ与えたならば……。

人間が耕さなくても、土は自ずから生き、自ずから耕してくれるのである。篤農家は土を打つことによって「土が慣れる」「熟畑になる」と言っているが、鍬もふるったことがなく一握りの肥料も施されない山林において、木は旺盛な生長を続け、百姓の畑では矮化した作物しか育たないというのはなぜであろうか。

百姓は果たして、今までに耕起とはどうすることかを真剣に考えてみたことがあったか。ただわずかの地表のみに目を向け、地下の深い所には何の考慮も払わなかったのではないか。

山林の樹木は、自然に、何気なく生えているように見えるが、杉の木は杉の木が巨木となる可能性のある所に生え、雑木は雑木の生えるべき所に生え、松は松の植生に適した所に生えて育ち、生長している。

松は谷底には生えず、杉が山頂に芽を出すこともない。小シダはやせ地に、鬼シダは土地の深い所に生長する。水辺植物が山頂に生えたことはなく、陸生植物が水中に生えることもない。何の意志もないようなこれらの植物も、自分が生長するのには、どんな所が一番よいかを、的確に知っているようである。

人間は適地適作といって、どんな所に、どんな作物が生長しやすいかを調査している。しかしまだ、ミカンはどのような母岩の所がよく、どのような土壌構造が最適か、カキの栽培に適する土壌は、その物理的、化学的、生物的な土壌構造はどんなものであるかなどはまだほとんど研究されていない。またこのような研究は容易になしえない。

土地の母岩が何であるかも知らず、その土壌構造がどうなっているかも考えないで、木を植える。作物の種を蒔く。これでは作物は行く末が案じられ、生長ができないと嘆くのも当然であろう。

だがそれに反して、自然の山林では、土壌の表土や深層部の物理的、化学的構成状況などは問題外で、何の人為的手段が加えられなくても、亭々と空にそびえる巨木が繁茂するだけの土壌条件を自らの力でつくっているのである。

自然では、草や木そのものが、あるいは土壌中のミミズやモグラが土壌中の家畜のような作業をやって、徹底した、また完全な土壌改造をやっていたのである。

耕起耕起と表土に鍬を打ち込むより、耕起しないで耕起する方向こそ、百姓にとって、望ましい技術なのである。

表土は草によって、深部は樹木によって耕起すればよい。私がとっている方法は、果樹栽培の実際のところで述べるが、地中の深い所を見つめる時、自然の木の根が巨岩をも貫いてゆく力を思う時、土の改良は土に、植物の生長は植物の力に任せる方がより賢明であるとつくづく考えさせられる。

人為的な耕起が何ゆえ必要になったかを反省してみれば、問題は自ずから解決する。人々は何思うこともなく、苗木を移植する。異種の台木に接木して根を断って移植するが、この時から果樹の根は直根を失い、固い岩をも通す力を失ったともいえる。移植の時のほんのわずかな根のもつれが、その木の一生の根の正常な発育を妨げ、深根性を弱めたであろう。また化学肥料の施用によって根はますます浅根性となって地表をはうのみとなった。施肥や除草によって表土の団粒化や肥沃化が停止されたり、開墾時の木株掘取作業によって深部の腐植が欠乏し、微生物の繁殖の道が閉ざされたことなどによって、本来は必要でなかった耕起や耕耘というような作業が必要になってきたともいえる。

耕起とか土地改良はしなくても、自然は何千年も前から自分自身の方法で耕起作業を続けていた。人間は自然の手を押し止めておいて、自分の手で耕起をはじめた。それは結論において自然のまねごとにしかすぎなかった。ただ科学的にいろいろ上手な説明をつけて得意になっているのにすぎない。

人間がどんなに研究してみても、土のすべてを知り尽すことはできず、土以上の土をつくることもできない。

なぜなら自然は完全であるからである。科学的な研究が進むにつれて、人間が知らされることは、一握りの土がいかに完全無欠であって、人智が常に不完全であるかということである。

土は不完全と思って鍬を打ち込むか、土を信頼して土に任せるか、いずれかである。

(2) 無肥料論

作物が「なぜ地上に」「どうして」生長しうるのかを直視する時、作物の実相は、何の人智も、人為も加えないで地上に生育しうることになる。言い換えると、肥料や養分は根本において必要でないことになる。作物は土によって生長する。

私は果樹や米麦で、果たして無肥料栽培が可能であるかどうかを実験してきた。

もちろん無肥料栽培は可能である。そして一般が考えるように収量の少ないものではない。また、さらに自然の力を発揮させるような方法をとることによって、多肥料の普通栽培と何ら違わない収量を上げられることも実証した。「なぜ無肥料栽培が可能であったか」「その結果は是か非か」を述べる前に、科学的農法の行き方を検討してみよう。

人々は作物が生えている事実を見て、生えていると考えた。そして生える、育つ、育てることができると、分別智を働かせていった。認識が可能であると考えて……。

そのため人々はその作物の生えている状態をさらによく知るためには、その作物を形態学的に、生理学的に、生態学的に、あらゆる方面から解剖し、分析していけばよいと考えている。

例えば稲や麦の植物を分析してみて、各種の栄養成分を認め、その栄養成分の研究から進んで、米麦の生長がこの栄養分によって促進されていることなども推測するようになる。

次には栄養分を肥料として施してみて、稲や麦が予想通り生育することなどを観察する。すると、人々は肥料が作物を育てるものと確信し、肥料によって作物は育つ、育てることができると思い込んでしまう。

無肥料と施肥の作物を比較して、肥料を施した方が草丈が長く、収量も多いと思った時から肥料の価値を競う者はいなくなる。

果樹になぜ肥料がいるかという根拠と出発点を尋ねてみても同様である。

たいていの場合、まず樹の枝や葉、また果実の分析を行ってチッソ、リン酸、カリなどの成分がいくら含まれている、また年々の生長量や結果量に対していくらの成分が消費されているかというふうな調査から出発している。

果樹類の肥料設計は成木園でチッソ成分が大体四〇キロ程度、リン酸、カリが三〇キロ程度などと決定されるのは、たいてい右のような分析結果からである。

一方、圃場やポット内で実際に設計通り肥料を施してみて、その結果、生長や果実の成り具合などから考察して、肥料の必要性を実証したとしている。

ミカンの木の枝や葉の中にチッソ成分があることを知り、それが根から吸収されたことを知った時、人々は根から栄養成分が吸収されることを考えて肥料として養成を与え、その結果、枝葉の栄養が充実すれば、ミカンに肥料を施すことは必要で、効果があるとすぐ結論してはばからなかった。

　果樹は育てるべきものとの見方からすれば、根から肥料分を吸収するのが原因で、その結果、枝葉が充実する。そのため施肥必要論が出るのも必然のなりゆきとなる。

　しかし「木は生える、自然に生長する」という観点に立つ時、木が根から養分を吸収するのは原因ではなく、大自然の眼から見る時は、小さな結果にしかすぎない。科学的な出発点は本当の出発点ではなく、植物が生長する途中での一出来事でしかない。根が養分を吸収したから、その結果、木が生長したともいえ、根が養分を吸収するには一つの原因があり、その原因によって木は生長したともいえるが、原因の原因があるということを考えると、養分を吸収したから木が生長し、施肥すれば木が生長すると考える必要は少しもないばかりか、このような飛躍した考え方は根本的な間違いを起こす出発点ともなる。

　木の芽は当然、芽生えるべくして芽を出し、根は伸びる力をもって地中に伸びる。木は自然の環境に最も適合した形で、自然の摂理を守り、法則に従い、早からず遅からず大自然流転の大軌道にのって生長している。

　その途中において施肥をするとはどういうことか。

　軌道にのって走っている列車を、途中で車輪を大きくすれば速いからといって、車輪を取り替えるのと同様である。なるほど一時的には、また局部的には速いかもしれない。しかし途中で変更された車輪に軌道が合うはずはない。車体もまた一定以上の高速度には耐えられない。その結果、列車は脱線したり、転覆したりするであろう。

大自然の運行がどんな影響を与えるかということは何も考えずに、木に肥料をやることは、ただ眼先の急変にまどわされて、大道を誤る結果ともなる。

一握りの肥料でも、これを地上に振り撒くことが、どんなに自然界に影響しているかを知りえない限り、施肥の効果を話すことはできない。

人間がちょっと自然界をうかがって見ても、肥料が木や土によい結果、悪い結果を及ぼしているかなどということは、一朝一夕に判定を下すことのできるほど簡単なことではないとわかるのである。

科学者は、知れば知るほど自然界がどんなに複雑で、神秘な力を秘めているか、極まることのない疑問に満ち満ちた世界であることを知っている。

一瓦の土の実体、一粒の種子の実体も恐ろしいほどの研究材料が隠されている。

一般に人々は土を鉱物といっている。普通の畑の土には一億匹程度の微生物、カビ、バクテリア、酵母、藻類などが棲んでいる。死物どころか、生物の塊ともいえる。

これらの微生物は何の理由もなく生存しているのではない。それぞれの理由があって生き、共生し、争闘し、そしてなお正しい流転を続けている。

この土の中に人間が化学肥料という薬物を投入する。肥料成分が死物の鉱物の中で、空気や水、その他各種各様の物質と化合し、反応し、変化してゆく道を追求してゆくのみでも容易ではないが、これらの物質が、さらに右のような各種の微生物とどんな関係を保ちながら調和を計って落ちついていくかは、さらに長い研究を必要とするであろう。

現在まで、肥料と土壌微生物との関係などはほとんど研究されていない。むしろ全く無視した試験が行われてきた。試験場では、ポット（一定の植木鉢）に土壌を入れて試験するが、その不自然なポットの中では地中微生物などはほとんど死滅している。

一定の条件の下で、ある限られた枠内での試験成績が、自然の条件下での実際の場合に当てはまらないのは当然である。

ところが不備、不完全な条件下で試験して、作物の生長がわずかに促進されたという理由で、肥料の効果が過大に評価され、宣伝されてきた。

肥料の効果のみ強調されて、その罪悪の面についてはあまり語られない。

肥料が及ぼす悪影響は数限りない。

①肥料が作物の生長を促進するという効果は常に一時的、局所的にすぎないから、作物には必ず弱化の現象が現れるはずである。ホルモン剤で急速に作物をのばした時も同様である。

②弱体化された植物体は、自然の摂理作用としての障害や、病虫害に対する抵抗性が低下してくることなども忘れてはならない。

③土壌中に施した肥料は、実際の場合には実験室で現したほどの効果を示さないことが多い。

例えば、水田で施された硫安（硫酸マグネシウム）のチッソ成分の三割が、土壌中の微生物の脱窒作用といういたずらで、空気中に逃げていたことが近頃判明した。硫安が使用されてから幾千年の後に、このようなことがようやく明白になったことは、笑い話ではすまされない百姓の損害である。

このようなナンセンスは今後も次々と起こるであろう。

畑に施されたリン酸肥料は表土五センチの所までしか移動しない、と最近いわれだした。長年月の間、多量のリン酸が何の役にも立たないのに地表に捨てられていたわけである。
④肥料の直接の害もまた大きい。三大肥料の硫安、過リン酸、硫酸カリはいずれも、その七〇％以上が濃硫酸であり、土壌を酸性にして直接、間接に大きい害を作物に与えている。田畑に撒かれる硫酸の量は年間、実に一八〇万トンに達している。
またこの酸性肥料が土中の微生物を抑圧したり、死滅させるために生じる、土壌中の混乱がどのような形で将来の禍根となっているかは余断を許さない。
⑤肥料の悪影響の一つに微量成分欠乏の問題がある。
化学肥料に頼りすぎたために土は死物となり、限定されたいくつかの栄養成分のみで作物が作られてきたために、作物が要求する数多くの微量要素が欠乏しはじめた。

この問題は果樹では近時急速に重大問題となってきた。また水田では秋落ち現象の一原因として厄介な問題となっている。

果樹園の土の中での各種の肥料成分の動きや、相互の関係などは極めて複雑である。チッソやリン酸は苦土（酸化マグネシウム）欠乏の土中では吸収が衰える。土壌が酸性になり、石灰を多用して土がアルカリ性になると、亜鉛、マンガン、ホウ素、苦土などが水に溶けにくくなって欠乏症を起こす。カリ肥料が多過ぎると苦土があっても吸収されないようになる。ホウ素も明らかに減少する。

チッソ、リン酸、カリの施用量が多いほど、亜鉛やホウ素は欠乏する。マンガンはチッソやリン酸が多い方が欠乏が少ない。

ある肥料をやり過ぎると、他の肥料が効かなくなる。あるものが不足すると、他のものを充分やっても無駄になる。

このような事柄の研究が盛んになると肥料をやることがどんなに難しいかがわかる。

肥料の功罪が明白になってから肥料をやるのであれば間違いがないが、肥料の功罪が明白になることはいつまでたってもない。

問題はまだまだ進展していく。現在では数種の微量成分についてのわずかな研究にしかすぎないが、微量成分は将来は数限りなく発見されていくであろうし、それらの土中での溶脱と固定化や、微生物の関係、相互の関連などの問題は、無限の研究事項を秘めていることは明らかである。

だがそれにもかかわらず、科学者はある場合の実験で有効であれば、この肥料はこんなに効果があると言って発表する。本当の功罪は不明のままで……。

百姓は「化学肥料には害もあるが、幾十年と肥料を施してみても大過なかったのだから、やはり肥料はやる方が得なのだろう」と考えて誤りがないように思う。

大過はそろそろと目につかないようにきて、気がついた時は取り返しのつかない大過となる。

そうでなくても、百姓は昔から肥料代を得るためにいろいろな苦労を続けてきた。果樹の生産費の三割から五割が肥料代として消えているのが現状である。

人々は当然のこととしているが、それでよいのか。

「肥料を施さねば、作物は生長しないか」

人々は肥料をやらねばできないから施したというが、本当に無肥料では作物は生長しないのか。肥料を施した方が経営上有利なのか、さらに肥料を施す農法で百姓は楽になれるであろうか？……。

不思議なようだが、今まで技術者は無肥料栽培の試験はほとんどしていない。

果樹の無肥料の試験は、わずかに小さいコンクリート枠や鉢の中で数年間行われた成績が二、三ある程度である。米麦では標準区として小部分で行われるにすぎないが、なぜ無肥料試験が取り上げられないかの理由は明白である。

技術者は作物は育てるもの、肥料を施して作るものとの前提に立っているからである。無肥料栽培などという馬鹿げた、また危険な（本当は最も安全であるが）……人工的農法から見れば……試験が行われないのは当然である。

肥料試験の基準は無肥料試験から出発せねばならないはずで、普通は三要素の肥料を施したものが標準になっているのはそのためである。

わずかな小さい試験成績から、人々は無肥料では樹の生長量は各種の肥料を施したものの半分くらいであろうとか、無肥料では誰が考えても収量は三分の一もないくらいに悪いと考えている。

しかしこのような無肥料試験は、真の無肥料、自然栽培とは似ても似つかない試験ともいえる。

自然農法による無肥料は根本的に完全な自然状態での土壌と環境の中で、無肥料で「自然栽培」をすることを意味する。

すなわちここでいう完全な自然栽培は、条件以前の立場に立った条件のもとでの無肥料試験という意味である。

しかしここまでいうと、このような試験はもはや科学者の手を離れた試験となり、不可能な実験ともいえる。

私は完全な自然状態での無肥料栽培は、哲学的に可能であり、その方が科学的な施肥農法より有利でもあり、百姓の人生にとっても好ましい農法でもあると信じる。

無肥料栽培が可能といっても、現在行われている清掃農法（草をきれいにとり、耕している）の田畑で突然無肥料で作物を作ってよいわけではない。

もちろん、作物が小さい植木鉢やコンクリート枠内に植えられた場合、その中の土壌は自然の生きた土ではない。根の伸長が制限される樹の生長は不自然極まるはずである。こんな枠内で無肥料で作物を育てて、生育が悪い、無肥料では栽培できないのは当然である。

真の自然とは何かを深く考えて、少なくとも自然に一歩でも近づくという栽培環境を与えてやらねばならない。

自然という立場に立った農法を実際に行うためには、あらゆる農法がとられた以前の状態にまず復元するという努力がなされなければならない。

無肥料栽培が可能かどうかを証明するためには、作物を見ていてはわからない。自然を凝視することから出発せねばならない。

山林の樹木は自然に近い状態で生育しているが、この場合、山の木は人為的に施さなくても無肥料で生長する。

しかし、年々の生長量は馬鹿にならない。条件のよい所に植林したスギの木は、約二十年で、反当り約一万歳の生長をとげることが多い。

重量にして四〇トンの木材を二十年で切り出すことができる。

この山では年々無肥料で、多い場合は二トンの生産量を上げたことになる。この量はスギの木の木材として利用される部分のみのことで、さらに枝や葉、根まで入れると生長量はおよそその二倍の四トンにもなろう。

この生長した木材を成分に換算して、果樹園で年々生産する果実に当てはめてみると、やはり二トンから四トンになる。すなわち山では、無肥料で年々二トンから四トンの果実が楽々と取れているることになる。この量は現在の果樹栽培での標準的な生産量に匹敵している。

山の木材はある年限がくると伐採されて、地上部の枝も葉も幹も全部がその場所から搬出されてしまうから、無肥料で、しかも完全な略奪農法である。とすると、年々の生長量に当たる肥料成分はどこで、どうして生産され、植物に補給されたかがおもしろい問題となる。

植物は育てなくても生長する。木は肥料で育てなくても育つことを、目の前の山林は実証しているのである。

その上にまだ考えられるのは、山に植林されたスギは、自然そのままの姿ではないので、当然山の力、自然の土の力を充分に発揮して生長しているとはいえないことである。同じ樹種の反覆植樹の害と略奪、焼山による消耗などがある。

やせ山に植えられたモリシマアカシアが、数年でスギの木を数倍した巨木に生長する様子を見れば、誰でも土の偉大な力に驚嘆せずにはおれない。このアカシアがスギやヒノキと混植された時は、その根の微生物の助けを借りてか、スギやヒノキの生長までも変わって旺盛になる。

放任されている山林では長年月の間に風雪の作用によって岩石も風化し、年々の落葉によって腐植が増加し、土壌は微生物が増加して黒変していき、団粒化し、保水力は高まり、なすことなくして、しかも木はすくすくと生長を続ける。

自然は死物ではない。生きている、そして生長している。この生きている自然の秘めた偉大な力を、そのまま利用して果樹を作れば、それでよいわけである。

人々はその力を利用するよりも、殺しているのである。除草し、中耕している畑は年々地力が消耗し、微量成分は欠乏し、活力は失われ、表土は固結し、微生物は死滅して、土は死物となって黄色い、ただ作物を保持する役目しか果たさない土壌となってしまっている。

百姓が山林を開墾して果樹を植える時の状況を考察してみよう。百姓は木を切り、枝や葉もそこから運び出してしまう。土地を深く掘り、木の根や草の根を掘り出して焼いてしまう。次には鍬や鋤で何回となく耕して土を軟らかくしているつもりでいる。しかしその時、土の自然の物理的構造は破壊されてしまう。土壌を壁土のように何べんも砕いては練り、練っては砕いた結果、土の中には空気も微生物に必要な腐植もなくなっていって、土壌は黄色い微生物のいない鉱物となってしまう。

完全に土を殺しておいて後に果樹の苗木を植え、肥料を補給して果樹を人の力のみで作ろうとしているのである。

ちょうど試験場において鉢植えの中に入れられた土壌が、やがて死物の鉱物となり、栄養成分も何もない状態になっている時、そこへ肥料成分が施されると乾いていた土が水を得たように、木は青々と生長する。そして肥料の効果が高く評価され、宣伝される。

これと同様に百姓も丁寧な開墾によって畑の土を一度死滅させて、試験場のまねをして肥料を施せば顕著な効果が現れるのは当然であるが、百姓はそれで満足しているわけである。

何のことはない、海中の魚を陸に放り上げておいて、食塩水を注射してみて、魚は食塩水で生きる、育てることができると得意になっているのと同様である。

百姓は回り道を苦労して歩み続けているのである。肥料が無用とまで言わなくてもよいが、肥料は自然にすでに存在する。人間が施さなくても自然は用意してくれている。肥料がなくても、作物は育つ、生長する。

太古の時代から地球の表面の岩石は風雨にさらされて、石となり、土となり、微生物が発生し、雑草が生え、巨木が繁るようになるに従って、肥沃な土壌へと変わってきた。

植物の生長に必要な栄養分は不明でも、地表の土は年々歳々黒く、肥沃化されていく。それに反して人間の作る畑や田の土は、年々多量の肥料を施しているにもかかわらず、痩薄化していくのである。

無肥料論は、肥料が無価値というのではない。人間が肥料を知り、化学肥料を施す必要がないというのである。無施肥論なのである。

（3）無除草論

百姓の最大の苦労の種となっている除草を、しなくてもすむというのであればこんな楽なことはない。無除草とか不耕起とは、あまりにも虫がよすぎる堕農の考えることではないかとも見える。しかし、除草をする、一年中鍬をもって田畑を打つことの意味を根本的に考察してゆけば、除草も必ずしも必須の作業とはなりえないはずである。

除草する、すなわち雑草を除く。作物を作る上には、雑草が邪魔になる、有害とする一般の考え方に疑問はないであろうか。

作物と雑草を区別して見る人間の考察の第一歩が、無除草か除草かの根本のわかれ道となる。地中において各種各様の微生物が、相争闘し、相共生して生存しているように、地上においても、各種、各様の草木が共存、共栄しているのが自然の姿である。

自然の姿を破壊して、多くの植物が共存している中から特殊な植物を摘出して作物と名づけ、他のものを雑草として排除してゆくことが、本当に正しいことであろうか。

自然の姿では、植物は共存していて共に栄えることができた。だが人間の目で見ると、共存は争闘の姿に見え、一方を繁栄させるためには一方が邪魔になる、一方の作物を生育させるためには、他方の雑草を除かねばと考えるようになった。

人間が自然の姿を直視して、その力を信頼することができたならば、共存共栄のままで作物を育てたのではなかろうか。人間が人間の眼をもって植物を見て、分別知で作物と雑草を区別して考えた時から、人間は人間の力で作物を育て、育てなければならなくなった。一つの作物を育てると考えた時、一つのものを育てようと集中した心（愛）は当然、周囲のものを除去せねばならない心（憎）をも発生させるのである。

百姓が作物を愛して（虚偽の愛）育てようとした時から百姓は雑草を雑草と考えて憎み、これを除こうとして苦労を重ねるようになる。もともと雑草が生える、生えてくるのが自然であるから雑草の種は尽きることはなく、これを除こうとする人間の苦労の種も尽きなくなるのは当然であろう。

肥料をやって作物を育てるという立場から見ると、その周囲の雑草は肥料を横取りする盗人であるから当然除かねばならなくなる。

しかし作物は肥料によらなくても生長するという自然農法の立場から見ると、作物の周囲にある雑草もなんら邪魔には見えない。

樹木があってその下に雑草が茂るのは、むしろ最も自然な原野での姿であり、雑草の繁茂によって樹木の成長が不可能とは考えられない。

むしろ、よく自然の姿を観察すると、巨大な樹木が茂るその下には、灌木が生長し、その灌木の下には雑草が、またその雑草の下にはコケが生えているのが普通である。そこには肥料成分の争奪というよりも、共存共栄の姿が見られるのである。

雑草によって、灌木の生長がおさえられ、灌木によって巨木の生長が圧迫されたと見るよりも、なぜこのような混生状態において、なお各々の植物が生長を計りうるのか、自然の力の不可思議こそ驚異に値するものといわれるべきであろう。
雑草を除こうとするよりも、雑草の存在する意味を深く考えるべきであろう。そして雑草を活かす、雑草のもつ力を活用することこそ、百姓がとるべき道といわねばならない。無除草論というのは、言い換えれば雑草有用論でもある。

地球が太古の時代に冷却しはじめ、地殻の表面が風化されて、土壌ができた時、最初にはバクテリア藻類のような下等植物が発生したともいわれる。すべての植物は発生する原因があって発生し、繁茂している。無用のものは一つもなく、すべての植物が地表へ進展し、肥沃化するというような結果に対して、各々が各自の責任を果たしているのである。

もし地中に微生物がすまず、地上に雑草が生えなかったなら、地球の表面はこんなに肥沃な土壌とはならなかったであろう。雑草は無意味に生えているのではない。

雑草の根が深く地中に入ることによって、土は膨軟になり、その枯死によって腐植が増し、微生物が繁殖し、土は肥沃化する。雨水は地中に浸透し、空気が深く送り込まれて、ミミズがすむようになり、モグラもまた出てくる。雑草は、土が生きた有機的な活動体となるのには、絶対必要なものといえる。

もし地表に雑草が生えていなかったら、雨水によって地表の土は年々流亡される。傾斜のゆるやかな所でも土は毎年何トンから幾十トン（三ミリの表土の重さは四トン）流され、二〜三〇年後には、表土はなくなって地力というものは一応ゼロにまでなる。大きい目で見れば、雑草は必要なものであり、除草の名のもとに取り除かれるよりも、むしろその力を利用するほうがより利口なやり方である。

しかし米や麦を作る場合に雑草がそのままある時、また果樹の下に雑草が茂っていることは、他のいろいろな作業にさしつかえると考えるのも、無理のない話である。

原則的には雑草との共生が可能であり、またたとえ有利な場合でも、便宜上は作物単作のほうが都合のよいことが多い。

雑草の力を活用するという立場と、農作業の便宜という立場を勘案して、雑草があって、雑草がないという方法がとられてよいと思われる。

その方法が、いわゆる草生栽培であり、緑肥栽培である。

私は果樹園において、雑草栽培を試み、緑肥栽培に移り、今はクローバー栽培で、不耕起、無肥料、無除草、無農薬でやっている。雑草がもし不便であれば人間の手で雑草を除くよりは、雑草は雑草で除くほうがより賢明である。

自然の原野では、多種多様の雑草が、一見雑然と生え、枯死しているように見える。しかし詳細に観察すると、その中にも法則があり、秩序がある。生えるべき種類のものが生え、栄えるべき原因があって繁茂し、衰亡する理由があって枯死している。同じものが、同じ場所に、同じように生えているのではなく、ある種のものが栄え、また衰え、また交代しているのである。共存し、争闘し、共栄への循環を繰り返している。

雑草の中には孤立して生存するものがあり、群生するもの、いわば集落をつくっているものがある。あるものはまばらに生え、あるものは密生し、あるものは叢生している。他のものに覆いかぶさって圧倒するもの、巻きついて共存するもの、衰弱するもの、下草となって亡ぶもの、なお強健なものなど、いろいろさまざまな生態をとっているものである。

これらの性状を考察し、利用することによって、多くの雑草を一つの草によって駆逐することもできる。

百姓にとって好ましくない雑草の代わりに、百姓にも作物にも都合のよい草、緑肥を繁殖させておけば、除草作業は不用になって、しかもこの緑肥によって土壌の流亡は防がれ、地力の肥沃化は達成される。一石二鳥のこのような方法によって果樹園栽培を試み、何らの障害もなく、いや、一般の農耕法によるよりも、楽で有利なことを実証することができた。

この具体的な方法については後で詳述するが、果樹園において除草は無用であるばかりか、有害であることは一見して了解されるであろう。無除草論に対しては、もはや議論の余地はないのである。

果樹園において、除草無用論は成り立つにしても、米麦のような作物栽培の場合にはどうなるか。植物は地上で共生するほうが、自然の姿であり、米麦の場合も原則として除草無用論は成り立つと考えられる。

もちろん稲や麦の中に雑草が生えたのでは、収穫作業などにもさしつかえるから、雑草を他の草に置きかえる工夫が必要になる。

私は麦をレンゲやクローバーの種と同時に蒔く、あるいは、稲の間にこのような緑肥を混播することによって、無除草栽培を試みている。また稲の中に麦とレンゲを、麦のある間にその中に稲とレンゲを播くという連続方法によって、より自然を活かした米麦作をやっている。

このようないろいろな方法をとっているのは、ただ単に除草をしたくない、無除草栽培の可能を実証するのみが目的ではない。

自然の姿に最も近い方法で栽培することによって、稲や麦の真の姿を把握し、さらに強大な生育と収穫を目指しての精進なのである。

いずれにしても、米麦も無除草で何らさしつかえないことは明白であった。さらに無除草で、しかも無肥料で普通栽培に匹敵する収量を上げうる可能性についても確証を得ているが、このことについては別の機会にゆずることにする。

(4) 無剪定論

果樹栽培において、最も複雑な技術として百姓の頭を悩ますのが剪定技術である。

剪定は、樹の形を整え、樹勢を調節して生長や結実の調和を保たせるのが目的で、なお優良な多量の収量をとり、薬剤撒布、耕起、除草、施肥などの作業、管理が便利になるように計るのが目的とされている。

果樹栽培上最も重要な作業であるこの剪定には、一定の基本となる方式がない。また適度の剪定を行うことが容易でないために、誰もが苦労するのである。その程度というものは、数字的に示すことができない。根本的には一定の基準方式がないということは、時と場合でいろいろ変わった剪定方式をとらねばならないということである。

だから剪定はやる人によって、地方によっていろいろと意見、方式が違い、長年の経験や実験が積み重ねられてきた今日、一層甚だしく果樹栽培家を迷わす結果となっている。

だが、本当に剪定は果樹栽培をするために、必須の重要事項であろうか。

人々が剪定をはじめる最初の動機と考え方を探ってみる。もし果樹に剪定を加えないで放任すると、樹形は乱れ、主枝は錯綜し、枝葉は密生し、すべての管理に不便となる。薬剤の撒布をしても多量の薬がいるばかりでその効果はない。樹が古くなるに従って、枝はいたずらに伸長し隣りの樹の枝葉と交錯し、下枝は日の光が射さないために自然に衰弱し、通気も悪いから病虫害が多く出るようになり枯枝も沢山でき、果実はただ樹の上面にのみ成ることになってしまう。

実際に果樹園で見られるこのような事実から、剪定が絶対必要な作業となってきたと考えられる。

さらにまた考えられることは、樹の生長作用と結果作用とは常に相反し、生長が旺盛すぎると結果が少なく、結果が多すぎると生長が衰退する。したがって不作が予想される年には、結果を促進し、果実の品質を良好にするような剪定をし、反対に豊作すぎると思われる年は、樹勢を旺盛にするような剪定をせねばならぬ。常に生長と結果の調節をはかり、隔年結果を防いでいかねばならない。と考えると、複雑で難しい剪定技術が生まれてきた大きな原因がここにもある。

一口に言って、放任すれば樹形が乱れ、年々立派な果実を実らせることはできない。そのために剪定することは確かに理由のあることである。

しかし放任でなく、自然のままの姿であれば、事情は違ってくる。

自然のままの樹というが、本当は自然のままの樹というものは、いまだ誰も見たものがなく、誰も考察したことがない。自然ということは最も手近で簡単なようで、最も人間の手の届かない遠い世界でもある。

人間は自然そのままの木というものは知りえないまでも、自然に最も近い樹の姿というものは追求していくことができるであろう。

今自然に近づいた樹を予想して考える時、自然状態に放任された樹は、主枝が交錯し、枝葉は密生し、日の当らない枝と葉ができ、下枝や懐枝は枯れ上がり、果実は葉先にしか付かなくなるような状態になるであろうか。

このような状態は自然に放任した場合に起こったのではなく、無方針の剪定を加えて放置した場合に多く見られる状態である。

野山に、自然に放置されたマツやスギはどうであろうか。マツやスギの幹は、人間が幹の中途から切ったり痛めない限り、分岐したり曲ったりすることはない。一本の木の右と左の枝が衝突したり交錯したりして、密生した下枝が枯死するとか、あるいは上下の枝が接近しすぎて日の当らない葉ができることはない。

もともとどんなに小さい植物でも、また巨大な樹木でも一枚の葉、一つの芽、枝が茎や幹から発生する状態は、乱雑なものはなく秩序正しく整然と一定の配置法に基づいている。

例えば、互生とか対生とか植物によって一定不変で、一枚の葉が出る方向も角度も寸分の狂いもなく、果樹の一枚の葉と次の葉の角度が七二度であれば、次の葉も全部七二度で発生する。モモやカキ、ミカン、ダイダイ、オウトウの第一葉の真上には必ず第五葉があり、第十葉がその上にあるという具合に、植物の葉の秩序は、葉序といって一定の法則を固く守っている。したがって、枝に付いている芽と芽の距離が三センチの伸長をしている時は、一枚の葉とこれに重なる次の葉との間には正確に一五センチずつの距離が規則正しくとられている。一五センチ以内で二つの葉が重なることもなければ、二つの小枝が発生することもない。

一つの芽が枝を出る方向も角度も開度も、秩序整然として、絶対に一つの枝と枝が交錯したり、上下の枝が一定の距離をとらずに重なったりすることはない。だから自然の植物ではすべての枝や葉が平等な通気と日光の照射を受けるようになっているわけで、一枚の葉の無駄も一本の枝の欠如もないのが本然の姿である。

山のマツ一本を直視してもそのことは了解されるであろう。一本の主幹が真直に立っていて、その途中にほとんど等間隔をもって、車枝状に幾本かの枝が発生している。一年目、二年目、三年目と発生年次も明瞭に読めるし、その間隔も角度も整然と規則正しく、一つの枝が伸びすぎて他の枝と交錯したり、一枚の葉が垂れて他の影になることもない。

タケの枝の発生している状況を見ても、一本の稲の葉の出かたを見ても、各自の種類に固有の定律に従っている。またスギはスギの形を、ヒノキはヒノキの形を、クスはクス、ツバキはツバキらしく、モミジはモミジらしい姿をしているのも、すべて各自の特有の葉序、開度を守って生長しているからである。

もし果樹類も山のマツやスギのように、できる限り自然のままで生長させることができたらどうであろう。

果樹の剪定が目指す目的は自ずから達成されて、枝が交錯したり、密生したり、枯死したりするような事柄は起こらなかったであろう。

カキの木はカキの木に、モモはモモの生長するままに、ミカンはミカンの伸長するままに任せた時、カキの幹をノコギリでひいたり、モモの枝を切り落したりせねばならないような無駄な生長はしなかったはずである。

自分の右手で左手を叩く馬鹿がいないのと同様に、カキやクリの木も右と左の枝が競争して、右枝が伸長しすぎたから切らねばならないとか、東の枝が南にきて日蔭になるから邪魔だとか、懐枝に日が射さないから自滅したようなことはないであろう。

また剪定しないと毎年果実がならない、生長と結果の調和がとれないというのもおかしな話である。

マツの木にマツ笠（果実）がなるが、もしマツに剪定技術を加えて生長を促進するとか、結果を抑制するといったら、奇妙なことになるであろう。

マツの木を自然のままに伸長させたら、何の剪定も必要としないのと同様、果樹も最初から自然のままに育てていたら、難しい剪定技術はいらなかったであろう。

ところが、園芸家は昔から一度も自然の姿で果樹を作ってみようとしなかった。

第一、自然の姿そのままというのがどんな形であるかもほとんど考えていない。というと技術者は「いや自然形という形も考えないことはない。特に近年は自然形ということを基本にして、さらに工夫した樹形を作ろうとしている」などと言うであろう。

しかし、本気で自然の姿を凝視しようとしたことがなかったのは明らかである。ミカンの木の葉序は、配置法は何列式であるから、また開度はいくらであるから、自然形はどんな形をとるか、主枝と側枝は何度の角度を持つのが相当だなどという、根本的な考察をして剪定法を論じている書物は一つもない。

普通、自然と称しているのは、放任樹から想像した形のものを漠然と指しているにすぎない。だが自然形と放任形とは全く異なる。自然の本来の真の姿というものを人間は知ることができないともいえる。

人々は、マツの木はどんな形だ、ヒノキは、スギはどう違うなどというが、マツの本来の姿はなかなかわかるものではない。海岸で屈曲して這うマツが自然形か、野中の一本松のように互生した枝が下垂して四方に広がるのが本当の姿か、山林のマツのように車枝が出て四、五〇度の仰角をとるのが真の姿か、迷わされるであろう。

庭園に移されたクスの木、荒磯の風にもまれて咲くツバキ、滝の上にさしかかるモミジなど、風雨にさらされ、鳥獣に傷つけられ、虫に食害されて生長する植物は、時と場合で千変万化する。

果樹においても、モモの自然形は、ミカンの真の自然形は、ブドウの真の自然形は、などと追求してみると、本当の自然形は何もわかっていない。

ミカンの自然形とは、半球形でうちわの骨のように、幾本かの主枝が四、五〇度から六、七〇度の角度をもって開張している姿であると技術者は言っているが、ミカンの本来の姿は、巨木となって高く伸びる喬木なのか、低く草状に生長する灌木なのか誰も知らない。

スギの木のように主幹が一本高く伸びるのが本当か、ツバキやモミジのような形をとるものか、あるいはまたミツマタのように丸くなるのかすらはっきりしていない。

カキ、クリ、リンゴ、ブドウもまた同様に、その本当の自然形というものはつかむことができないままに剪定は行われる。

元来、園芸家は、本来の自然形というものをそれほど問題にもしなかったが、今後もしないだろう。

除草、耕起、施肥、病虫防除となる栽培方法では、樹形は人々のこのようないろいろな作業や収穫に都合のよい形を理想とするからである。すなわち、自然形などというものより、便宜上、都合のよい形、人為的に剪定整枝された形態の方を目指すであろう。

だが、自然形の何であるかも知らず、その自然の力、微妙さも見ず、ただ無鉄砲に人為的な剪定に向かうことが果たして百姓の得策であろうか。

傾斜地の果樹、ミカンは収穫の上から、また薬剤散布、ガス燻蒸の場合などを考えると、最大の樹高三メートル、横径が四メートルの扁円形が理想である、などと頭から樹形が決定されている。そして結果をよくするために間引き剪定を、また樹勢をよくするために短縮剪定などといって、木の所々にパチパチと剪定ハサミを入れる。ブドウは一本仕立てがよい、三本仕立てがよいといって、主枝以外は全部剪除してしまう。

モモはやれ三本仕立ての開心自然形がよいといって、真ん中の主幹をノコギリで引く。ナシは二、三本の枝を四、五〇度の角度、あるいは水平に引きつけて、その他の小枝は全部、冬の間に剪定をしてしまう。

カキはまた変則主幹形がよいといって、先端をおさえて剪定され、多くの枝が短縮されたり、除去されたりする。

だがもう一度振り返って、なぜ剪定をせねばならぬのか。複雑な技術を加えて、数多くの枝や葉をつみ落とす必要があるのかどうかを検討してみよう。

便宜上、剪定はやむをえないというが、耕起、除草、施肥の時、下枝は邪魔になり、樹形によっては作業ができないというが、除草や耕起というこのような作業がなくなれば話はまた別であろう。果実をとるとき以外に便宜上、作業上ということを考える必要はない。

根本的には剪定をせねばならない理由はない。従来はただ便宜上、すなわち多くの他の作業に関連して、また一定の樹形を頭に描いてそれに近づけるために、やらねばならなくなった仕事にすぎない。

またよく見ると、剪定は剪定したがために、剪定せねばならなくなったともいえる。

山の自然のマツも一度庭園に移植して、庭師によってその先端にちょっとハサミが入れられたその時からもう放任することはできなくなる。

自然のままであれば、すべての枝がすくすくと伸びて何ら混乱することも衝突することもないが、一度新芽のほんの一部でも傷つけたら、その傷はその時から樹に一生つきまとう混乱のもとになる。

一定の基準に従って整然と、前後左右に正しい角度を持って出ているからこそ、枝は衝突したり、交錯することがないが、もしその中の一本の枝の先端が摘み取られたら、その切り口には数本の不定芽ができ、その芽は枝となって伸びはじめる。これらの枝は本数が余分であり、他の枝との距離も間隔も短いため、他の枝に接近し、密生になる。伸長するに従って他の枝と衝突し、交錯する。交錯して曲がった枝は伸長するにつれて、他の枝にも影響し混乱は次々と波及していく。

一度庭園に植えられたマツを庭師がハサミで新芽を剪定していく。二年目はそこから数多くの枝が横に広がっていく。この先端をまた剪定する。マツの枝は三年目くらいで枝は交錯し、湾曲し、複雑怪奇な姿となる。複雑怪奇な様相が、庭園樹としての価値であるから、できるだけ混乱に混乱を引き起こしておいて喜んでいるわけである。

一度剪定し、複雑な枝が発生して後はもはや放任することはできない。毎年繰り返して一本の木に数人役を入れて丁寧に一枝一枝の整枝剪定をしなければ、枝の交錯、混乱から衰弱する枝ができたり、枯死したりする。遠方から見れば庭のマツも、山のマツも大差ないように思うが、よく見ると庭のマツは、複雑に混乱した枝を人為的に整理して、どの枝にも葉にも日光が当たるようにしたものであり、自然のマツは何の人手も使わなくて同じ目的を達しているのである。

果樹類においても最初、苗を掘り取って根を切る。そして必ず幹を一、二尺の高さに切り縮めてから植える。この傷から、このただ一回の剪定から果樹は自然の木ではなく、複雑な枝が発生し、混乱が引き起こされるから、もはや片時も剪定バサミを手放すことができなくなる。

人々はミカンの木の前に立って、この部分の枝があまり密生して日が当らないからといってちょっとハサミを入れる。その一回のちょっとした剪定がどんなに大きな影響を木に及ぼすかなどということは考えない。だがそのただ一回のハサミのために、一生その木の剪定に追われて百姓は苦しむようになっていく。

先端の一芽をむしり取るだけで、真直に一本立てとなるはずのマツが、数本立てのマツにもなり、カキがクリの木のようにも、クリがモモの木のようにもなる。

ナシを二メートルばかりの網棚の上に這わして伸ばせば、剪定は絶対に必要な作業になるが、一本真直にスギの木のように高く伸ばしてみたら、最初のような剪定はいらなくなるであろう。

ブドウは金網の上に栽培されるが、ヤナギの木のように直立して、それから枝を下垂させて作る方法もある。最初の一本の幹の立て方一つでずいぶん違った形になり、剪定方法も全く異なってくる。

最初の出発点においてのわずかな整枝や剪定のために、木は全く様子が違ってくる。最初から自然そのままの形をとれば剪定量は少なく、自然から離れた樹形にすれば剪定は複雑で、剪定する程度も甚だしくなってくる。

剪定は最初に剪定をしたためにせざるをえなくなった作業であり、技術にしかすぎない。もし最初から自然に最も近い樹形に整枝しておけば、剪定バサミは無用であろう。

自然本来の姿をまぶたに描き、その地帯の環境から木を守るよう心がけるだけで、木は旺盛に生長し、毎年果実も成るはずである。人間が木に手をかける必要はない。

剪定を前提として出発すれば、剪定は必須の重要作業となるが、剪定無用の木もこの世にはあることを考えて、剪定無用の木を作ることを心がければ、無剪定で果実は実る。

木の生長とともに一年一年激しく剪定せねばならないような作り方をするより、自然の樹形に復元させるための矯正法をとるだけで、無剪定に近づいていくほうが賢明で楽な農法といえると思うのである。

結論

現在の果樹栽培は除草を前提とし、耕起をし、肥料を施し、剪定をして成立する農法である。これに反して自然に帰すことを前提として、芽生えた芽を自然本来の姿に近い木に育て、無除草で土を生かして肥沃化させていき、無肥料で強健に、剪定をすることなく整然とした形に木を育ててゆく農法「自然農法」ともいうべき農法について、私は根本的な考え方を述べてきた。

なお、不耕起、無肥料、無除草、無農薬、無剪定はすべて単独で成立されることではなく、すべては密接不可分の関連をもっていることを繰り返し強調しておきたい。

除草や中耕が無用となるような土壌管理、例えば緑肥栽培とか樹間栽培によって無肥料栽培も可能となるが、ただ突然無肥料栽培を試みたり、除草を止めるだけでは効果はない。

前に述べたので省略したが、病虫害の防除も無防除の防除法が優る。根本原理としては病虫害はない。不耕起、無肥料、無除草、無剪定という自然農法が確立するに従って、病虫害も次第に減少していき、究極においては、山野の植物に四百四の病虫害があって、病虫害の実害はなにもない……と同様な結果になるであろう。

近年、山林の樹木にも肥料を施して、生長を促進する方法が宣伝されているが、大道を誤れば、軟弱な生長が、諸病虫害を誘発し、マツにスギにタケヤブに、薬剤散布という煩雑な作業を、また中耕、施肥という作業をもたらすであろう。

無肥料にしてなお肥沃な土に育った作物は、その根も、地上の茎葉も健全であって病気はつかない。

除草、施肥、剪定の作業が土を混乱させ、木を混乱させ、耐病性を低下した。その結果が部分的に、全体的に通気は悪く、日陰ができ、病虫害の巣ができて、病虫害防除の必要性も生まれてきたわけである。

人間は消毒して病虫害を増加させ、剪定して木を混乱させ、施肥して欠乏症に悩んでいるのが現状である。

利口な人間は激流の中に飛び込んで水底から宝玉を獲得しようとして苦闘する。惰農は堤の上で果実の成っている木にもたれて昼寝をしている。

科学農法が是か、自然農法は否かの終局の判定は、人間が何を求めているかによって決定される。「何もしない百姓」を目指す百姓がやる農法が「自然農法」であるが、自然農法は人間の目標に対して最短距離をもって直結するところの農法であると確信するのである。

やること、なすことの多いのが人間の誇りになるのではない。道草をしないで真直に生きていこうとする者にとっては、科学的農法もまた無益となる。

私はここにあえて自然農法なるものを提唱した。

一般の科学的農法に対抗し、挑戦しようとする道でもある。

「文明に反逆して、自然に帰れ」と絶叫するのと同じかもしれない。

無謀かもしれない。カマキリの斧かもしれない。しかし一人の百姓にできたのであれば、他の者にできないはずはない。もし多くの百姓が実施したとすれば、問題は百姓の間だけにはとどまらず、世の中は一変する。

満水した池の水が、一匹のアリの穴によって干上ることもある。

百姓がただ鍬を投げ出すだけでよいのだ。

自然農法による果樹栽培

不耕起、無肥料、無除草、無農薬、無剪定という「何もしないですむ百姓」を目指す果樹栽培の実際の姿に考察を加えてみよう。

開園

自然農法のすべては開園のときに出発し、決定される。

普通、山林を伐採して開墾されるが、この時、人々は切り倒した木の枝や葉はもちろん、掘り起こした木の根、草の根はすべて集めて焼き捨てる。そうして何度も鍬で打ち起こしては整地して、チリ一つないようなきれいな畑にする。

　これは科学的に見ても、有機物や腐植の重大な損失であろう。このため後になって果樹園内に塹壕を掘って粗大有機物埋没という困難な作業もせねばならなくなるのである。

　自然農法では当然このような開墾作業はしない。

　切り倒した木の葉も枝も、できれば何一つ畑から外には持ち出さないようにする。

　そして等高線に、一定の間隔で、果樹の苗木を植える。ちょうど山林にスギやヒノキの苗を植えるように。ただそれだけである。

　しかしここで考えねばならないことは、果樹の品種を選択する場合に、普通農法で優良な品種が自然農法では必ずしも優良品種にはならないことである。生長が旺盛な品種も自然農法では困る場合も起こるであろうし、品質不良で省みられなかった品種が、自然農法で優良となる場合もあるであろう。

　全く新しい立場での再検討が必要になる。

　次に問題になるのは、一般に果樹は接木された苗木が用いられるが、自然農法では台木に接木された苗がよいのか、実生の苗がよいのかが再検討されねばならない。

　普通、接木苗が用いられる理由は、接木をすれば結果が早くなるとか、品質のよい果実を多量に実らせることができるとか、成熟期が早くなるというのが大部分の理由である。

　しかし接木をすれば、その接合部で樹液の流動が阻害される。そのため、地上部の生長は抑制され、木は矮小化し多肥栽培をせねばならず、木の樹命が短くなるというのも明瞭な事実である。

問題は、台木に接木された苗を移植して、ひと手間をかけて盆栽作りのような抑制栽培を行って一年でも早く果実をとるのがよいか、種を蒔いて実生のままで木を育て、雄大な自然樹の形で気長に栽培を続ける方がよいかである。

今でもカキの幹の皮をはいで（環状剝皮）樹液の流動を抑制して、結果の歩合をよくする技術が実行されているが、接木による優良、多収の原理が、カキの環状剝皮と似たようなものであれば、もっと利口な方法があるはずだ。

ミカンに浅根性のキコク台を使っておいて、中耕したり、深耕したりして、根を深く地中に入れる努力をするのも矛盾した話である。

多種多様の果樹について詳述することはできないが、清掃農法（草けずり農法）の多肥料農法に適した接木、台木が自然農法に適さないのは当然であるから、新しい立場での再検討が必要となるであろう。

管　理

山林の切り跡にスギを植えた状態に果樹を植えたのであるから、雑木の芽や、雑草が繁茂するのは当然である。

したがって、当分は山林用の下刈り鎌をもって年に一〜二回は下刈りする必要がある。

作業らしい作業はそれだけでよいが、次に主要な問題として整枝のことを考えねばならない。

すなわち台木に接木をした苗を移植した場合に問題になるのであるが、一度根と幹が中途で剪除されたために、そこから不自然に無数の枝が出て混乱を引き起こす。

このまま放置すると、木の一生は不自然となって苦労せねばならなくなるから、一日も早く自然の樹形に近づけるために、不自然に発生した芽を早くかきとるのがよい。

ごく最初に、自然形に引き戻した整枝をすることができれば、その木は長く無剪定でいける。したがって、この最初の一芽や二芽をかく作業は極めて重大で、その上手、下手で一生の樹形を決定し、事実上の無剪定か、剪定かの分かれ道となり、園の運命も左右することになる。

一~二年経つと雑木よりも雑草の繁茂の方が目立つようになり、管理にも不便になる。この時期に緑肥としてラジノクローバーを播種するとよい。

二~三年経つと、雑草がクローバーに次第に駆逐されるようになり、切り株から出る木の芽も少なくなる。開園後五~六年で園の地面全体がラジノクローバーに被覆されて美しい公園のようになる。

このころには大抵の木は、主幹が無傷ですくすくと伸びた場合は三~四メートル以上の円錐形の雄大な樹に生長して、次第に果実が成りはじめる。結果しはじめると木の生長にも変化が起こり、枝も自然に開張して収穫にも便利になってくる。

この時期までは、カキ、クリ、ナツミカン、ミカン等の果樹は不耕起、無肥料、無除草、無農薬、無剪定で十分生育するが、果樹が成木に達して、木と木が接触しはじめるころになると、土壌中の有機物が減少しはじめ、土地は固くしまり、土壌中の空気の孔隙量（すき間）がなくなって木の生長が衰えることがある。

このような時には、クローバーの中にさらにアルファルファのような深根性の緑肥を追播するとよい。また時にはモリシマアカシアのようなマメ科の肥料木を混植することも自然状態への復帰、土の若返りを計る意味でおもしろい。要は常に自然状態から離脱した方向へ転落しないよう心がけておればよいわけである。

以上は最初から、自然農法を目指して開園した場合のことであるが、一般にはすでに、科学農法に頼って、きれいに草をけずり、肥料をやり、耕し、薬をかけている、いわゆる清掃農園となっている。

この清掃農園の中に自然農法を取り入れたらどうなるかが一つの問題となるであろう。

普通、三十〜四十年経た成木園では、長年の風雨にさらされて、最初の表土は一応流亡してしまい、土は固結して、腐植もなく、微生物も住まず、全く死んだ土となり、土地の深部の孔隙（すき間）も少なく、見るかげもない老衰土壌となっているのが普通である。

このような園の土壌の若返りを、樹勢の回復を計る根本策は、塹壕を掘って粗大有機物を投入すると共に、草生栽培によって表土の流亡を防止し、次第に肥沃化を計る以外に方法はない。

以下は私が試みた、ミカンの老廃園でのクローバーによる草生栽培の観察記録であるが、参考のためにその経過をやや詳細に述べておこう。

クローバーによるミカン園の草生栽培

園は瀬戸内海に臨む丘陵にある。終戦時の昭和二十年ころには、表土は一五～二〇センチが完全に降雨によって流亡し、根は地表に露出し、カミキリムシはその根を侵害してハチの巣のように穴をあけ、続いて発病したスソ腐病のため約半数の木は枯死または、枯死寸前の状況にあった。土は赤色の粘土状で、雨水も浸透せず、乾くと固い瓦土のようになり、木の根も極めて浅く地上にわずかに展開する程度であった。

樹の回復を計るよりも、土が生き返る、若返るかどうかが先決問題と考えられた。土を生かすために、粗大な有機物を地中に埋没することと、草生栽培によってその目的を達しようとしたのである。

草生栽培の根本的な目的は土を自然状態にして、自然の力で、失った地力を取り戻そうということにある。

したがって、最も手っ取り早い方法は雑草栽培でもよいのでないかと考えた。ところが、実際に雑草栽培を試みると、最初は表土が流れてやせてしまっていたためか、アレチノギク、アゼスゲ、チガヤ等の草のみしか生えなかった所も、次第に雑草の種類が増してきた。

冬はハコベ、春はツユクサ、夏はメヒシバ、エノコログサなど禾本（イネ）科の一年生雑草も次第に密生しはじめ、さらにヨモギ、イノコズチ、ギシギシなどの越年生、多年生のもの、宿根性の雑草なども盛んに生えはじめた。

しかしこうなってみると、畑の中に足の踏み入れる所がなくなってくる。ミカンの木よりも高くアレチノギクやヨモギが抜き出るようになり、また、ツル性のヒルガオなども根元や枝に巻きつき、木の間には大小さまざまの草が繁茂して、歩くのにもいろいろな農作業にもさしつかえるようになった。

もちろんこの間には土壌は団粒化し、次第に黒変もし、土の若返りになっていたことは確かである。特に土壌中の空気孔隙量の多いと思われる所や階段ほど、雑草の繁茂が多く（平坦で土のしまっている所は少ない）雑草の繁茂の多い所ほど、土壌の若返りは進んだ。

しかし土壌の団粒化も、裸地の耕耘された畑よりはましであっても、土壌の深部までの改良は無理であった。

そして各種の作業にさしつかえる雑草栽培では、なんとしても一般の百姓は納得しない。清掃農法になれている百姓にとって、雑草を生やすことは、あらゆる農業技術を放棄することにもつながるので、猛烈な反対が起こるのも当然であった。

私は雑草の代わりに他の草を用いる。すなわち毒は毒をもって制するのことわざどおり（雑草は毒ではないが）草をもって雑草に置き換えることに着手した。

草も土壌に空気中のチッソをとって固定してくれる、根粒菌をつけるマメ科の植物を主として選んだ。

緑肥でしかも雑草の圧倒力の強いものを選出することに重点をおいての試作を、終戦直後から続けてきた。

マメ科、十字（アブラナ）科の植物約二十種をもって草生栽培を試みたが、いずれも一長一短があり一時的にうまくいくように見えても、数年続けるといろいろな障害から失敗に終わるものが多かった。

最後に残ったラジノクローバーによってのみ、ほぼ実用価値が認められたので、その間の事情を述べてみる。（以下は『果樹園芸雑誌』第十巻第十一号に略記した。）

すなわち、雑草と緑肥との争闘状況を観察した模様を述べてみる。

緑肥が雑草を駆逐していく状態を観察してみると、第一は旺盛な繁茂で雑草を被覆して圧倒してゆく場合と、第二は繊細でも密生して雑草の種子の発芽や初期の生育を阻害するため、次第に雑草が消滅してゆく場合がある。

第一の性状をもつ緑肥の雑草駆除効果は、一時的効果に終わることが多く、第二の集落性の強い、また多年生のものほど効果を上げていく。

また第一と第二の両方の性状をもって、駆除効果を上げるものもある。

その状況を緑肥の種類別に略記しておく。

緑肥の種類と特性

①ヘアリーベッチ、カラスノエンドウ類等のマメ科

冬の緑肥としては最も旺盛な繁茂をして冬、春の雑草に対する圧倒力は強い。強い雑草やカヤ草などの上にも覆い被さって、その生長を抑制はするが、雑草が枯れてしまうことはほとんどない。特に緑肥の生長が十分でない樹の下などでは、ヨモギやアレチノギク、イノコズチなどが、カラスノエンドウ類の下で長く起伏して生き残っていて、カラスノエンドウ類が衰弱をはじめるころから急速に、強力に伸長して八月にはその除草に困却するようになる。また毎年播種せねばならず、時には甚だしいヨトウムシなどの虫害を受けることもあり、採果時に踏みつけると生育が悪くなる欠点などもある。集約的な栽培の時のみ価値がある。ヘアリーベッチは落下した種子で、自然に次年も生えてくるのは好都合であるが、樹にのぼり巻きつくのが甚だしい。したがって、草丈の長い雑草が繁殖しているような荒地に蒔きこんで、雑草の種類を改造していくのには好都合のこともある。

②ムング豆（緑豆）、カウピー（ササゲ）類、大豆等のマメ科

夏作の緑肥としてはカウピー類が生育強大である。だがツル性であるため果樹に巻きつき、畑の中を歩くのに困難である。なお雑草は圧倒されて減少するがなくなりはしない。

一方法としてヘアリーベッチを冬作として秋播種して、六月成熟間際にムング豆の種をヘアリーベッチの中に播種しておくと一雨後に発芽して、雑草の生える期間がないようになる。すると一年中雑草を生やさないで緑肥で畑を被覆しているようなことになる。この場合はある程度、雑草が無くなり実用的にもおもしろいのであるが、両種の発芽が毎年同じように均一にいかないことがあるのと、成園内でも他の管理作業にさしつかえることが欠点である。

③アルファルファ、赤花クローバー、クリムソンクローバー、スイートクローバー、クローバー等のマメ科

生育旺盛で一時的には雑草にも勝つように見えるが、枝葉が粗生で、雑草の生長を抑制する程度で枯死させることにはならない。むしろ二、三年後にはたいてい雑草と共生状態になる。

ただアルファルファは深根性としての利用価値がある。また、畦畔などのような所にも適している。また赤花クローバーは他のものと混合して播種する場合にはよい。

④ウマゴヤシ、レンゲソウ、ヤハズソウ、ラッカセイ等のマメ科

冬期用のものとして一時的には、また所によってはよい成績を上げる場合もある。多年生ではなく、比較的密生するために、冬草が発生する前に早く播種している場合は冬草に勝ち、また春草などの発生も抑制することができる。

⑤ルピナス、ソラマメ、エンドウ、ヤブマメ、タンキリマメ等のマメ科

間作としてはともかく、畑の被覆作物としては、草丈が高いために不適当である。またツル性のマメ科雑草も、ある程度雑草を駆逐することができるぐらいで実用価値は少ない。

⑥ナタネ、カラシナ、黒菜等の十字（アブラナ）科野菜、エン麦、オーチャードグラス、チモシー等の禾本（イネ）科牧草

十字（アブラナ）科植物は散播してよく発芽するために、冬草を抑制するのにはよいが、春、トウが立ってからは、他の作業の邪魔になる。禾本（イネ）科雑草は畦畔はともかく、ミカンの下草としては不適当と思われる。

⑦ラジノクローバー、白花クローバー

九月初め秋蒔きすると翌春、六月ころまでは雑草と共生状態で見苦しいが、六、七月中に一、二回雑草を中刈りすると、もちろんクローバーも刈るが、雑草の生育が鈍っている間にクローバーは急速に生育して密生し、夏、秋草の発芽を防ぎ、秋九月以降は雑草が次第に消滅して、普通一年か二年で雑草がなくなり、クローバー一色に塗りつぶされて見た目には美しい公園のようになる

なお春先三月ころか秋に、クローバーのツルを七〇センチ間隔くらいにサツマイモのツルを植えるように条植えしておくと数ケ月で一面に広がる。

白花クローバーは生育が劣るが、ラジノクローバーは緻密でしかも生草量も多く、雑草の種子の発芽を防止する性質が最も強い。現在では無除草栽培用の緑肥としては最良の、価値の高いものと思われる。

ラジノクローバーによる草生栽培

右のように多くの緑肥類の中で、最も実用性の高いものはラジノクローバーと思えるので、いくつかの考察を加えておく。

①多年生で一回播種しておけば長くほとんど無管理、無除草で放任できるから、農家の精神的、肉体的苦労の軽減ということでは、筆舌に尽くせないほどの効果が上がる。

播種するのは初秋がよい。苗の移植は最も確実に早く目的を達することができるから、畑では移植を主体にしてもよい。雑草の繁茂しているところや、畦畔や荒地の中には、直接種子を蒔く。

②ラジノクローバーで容易に駆除のできる雑草の種類をあげてみると、メヒシバ、エノコログサ、カモジグサ、チカラシバ、アレチノギク、ヒメジョン、ハコベ、ツユクサ、イヌタデ、スベリヒユ、ザクロソウ、ジシバリ、ハナカタバミ、アゼスゲ、ナズナ、ヤクシソウ、ヨメナ、ナギナタコウジュ、コミカンソウ、コブナグサ、ハルノノゲシ、ヨモギ、トクサ、ヒルガオ、ノビル等畑地の雑草で大部分のものはほとんど一、二年後に消滅する。

消滅するのにやや手間取るが、中刈りを数回するか、簡単に鍬で傷つけるぐらいで次第に駆除できるものには、スイバ、タンポポ、イチゴ、イノコズチ、チガヤ等がある。

現在ラジノクローバーで駆除ができない雑草は、宿根性の外国種のオオギシキシ一種とワラビくらいのものといえる。完全な掘り取りをせねばならないが、この草は普通の畑では見あたらないものでもある。

ワラビはラジノクローバーの上に抜き出るから、ナギナタ鎌で時々切り払うか、土壌の酸性化を防ぎながら徐々に衰弱を計る以外に方法がない。

なお雑草ではないが、コンニャクと里芋はなくならない。換言すると、ラジノクローバーの中で栽培ができるわけで間作物としておもしろい。すなわち無除草でコンニャクや里芋の栽培はできるわけである。
③ラジノクローバーは肥沃地はもちろん、痩薄地でも生育状況がよい。日当りの悪い樹の下などでは播種した場合は生長しがたいが、移植をすれば充分生長する。
あまり乾きすぎやすい所よりは、やや湿気のあるほうが生長が旺盛である。だが夏、干魃にあい、過乾高温になる時は生育が停止し、場合により枯死する。しかしこれは夏期、果樹とラジノクローバーが水分争奪を引き起こす心配を解消するものであって、むしろ好都合と思われる。
④ラジノクローバーの生長量は寒地が大きく、暖地では少ないが、暖地でも春、秋二〜五回くらいは刈り倒しができる。ラジノクローバーは刈り取りをすればするほど生長量が多く、放置しておいても反当一〇トンくらいの生産量はある。管理次第で二〇トンくらいの収穫量も見込まれる。
ラジノクローバーの一〇トンは成分にするとチッソ約四〇キロ、リン酸八キロ、カリ四〇キロである。

ちょうど普通の成園で施す肥料の成分に相当する。空気中のチッソ成分をとって固定してくれる根粒菌のすむラジノクローバーの根は、神秘な自然の肥料工場である。

生長量からみると、ラジノクローバーの中に、赤花クローバー（数年で次第にラジノクローバーに負けるが）やアルファルファを混播しておけば、さらに多量の生草量が確保される。

ラジノクローバーは土壌流亡防止の点からも申し分なく、また草丈があまり高くないので管理上も不便がない。もちろん今後に問題はあるかもしれないが、現在では最も優れていて、広く実用価値の高いものと信じられる。

クローバーについて想う

私は果樹園の草生栽培を思いたってから十年間で、ようやく一応満足のできる結論を得た。その結論はただクローバーの種を蒔く、小さいケシ粒のような種を蒔き散らす、ただそれだけであった。

だがこの小さい種子の中に、農事改革の秘密がひそんでいると思うのである。クローバーを蒔いた第一の目的はそこにある。

百姓の生産と生活の向上のために、昔からいろいろな人々によって議論が戦わされ、いろいろな意見が出た。技術の面から、経済の面から、また政治の面から……しかし百姓は何も言わなかった。言えないのは百姓の生産活動は複雑な要素の上に立っており、すべての事柄が交錯し、結合していて手のつけようがないことを熟知しているからである。

一事は万事に通じる。一事の改革も農家では万事の改革なくしては達成できない。また一事が解決すれば万事は解決するのである。

その一事とは何か。最初の出発点をどこに置くのか。どうして、いつ、だれが……百姓が探し求めているのは扉の鍵であるのに、技術者や学者や政治家は、出発点の扉のことは何も言わず、部屋の中に飾られた料理の説明のみをするのである。

私は打開の扉の鍵をクローバーの種としたのである。

果樹園をクローバーで覆い尽くす、もちろん不耕起、無肥料、無除草、無農薬の自然農法である。水田の米麦もまた自然農法をとり、主労働の耕耘作業や除草作業は止め、施肥も減少されていく。農家が最初に獲得するのは時間的な余裕である。

第二の目的は自然の力を利用して一年一年蓄積する農業とすることである。

従来の農法は儲ける農法であった。儲けていると思われる果樹栽培でも果たして儲けていたであろうか。五十年百年を振り返って、精密な収支決算を出してみると不思議に自家労力賃を除くとゼロとなっているのである。

その根本原因は、地上部は生長していたが、土地は一年一年雨水で流亡し、五十年で完全に表土がなくなって、土地がやせてしまっていたことにあると思われる。

地上部は太り、地下部はやせていた。地上部は儲けているように見えても、地下部で損をしていた結果、一生たってみるとゼロということになったのである。

どんな傾斜の少ない所でも一年間に三ミリの土は流亡する。その重さは約四トン、肥料分にすると硫安（硫酸アンモニウム）二、三俵である。

十年で約四〇トンの土、五十年で約二〇〇トンの土を谷川に流しているのでは、百姓が貧乏するはずである。

百姓が儲けているつもりで、根本的には儲けにならない仕組みになっていることに気づかない限り、百姓に芽が出ることはないであろう。

クローバーはほとんど完全に土壌の流亡を防止し、その上に年々腐植が増し、肥沃化し、地力ができていく。地上部の果樹が生長すると共に年々地力が蓄積されている時、百姓は年々本当に豊かになるであろう。

自然に反抗し、自然の力を無視して、百姓の、人間の力で作物を作っている間は本当の儲けはない。ただ化学肥料が変化して果実になったにすぎない。百姓は工場の生産者同様、一加工業者にしかすぎないのである。他の物価との釣り合いいかんで、儲けたり損をしたりしているのにすぎない。

真の儲けは人為を使わず自然にできた、生育した、自然に実った分のみである。

街から硫安という原料を運んできて、果実という加工製品を街に運んで生きていく、一商人にすぎない百姓は、自ら生き、豊かになる術を忘れて、一学者や、一政治家の手腕によって豊かになろうとしている。

自ら生き、自ら豊かになる自然力利用の出発点としてクローバーの種を蒔いたのである。

第三の目的としてあげられることは、クローバーは家禽や家畜の飼料としても優秀なものとして利用できる点である。

鶏の飼料として与えれば飼料代の三、四割の節減ができる。綿羊や山羊や豚を放牧したり、乳牛の飼料にするとクローバーの価値は非常に高い。

クローバーを飼料として利用する場合にはラジノクローバーの中に、赤花クローバーやエン麦、オーチャードグラス等の禾本（イネ）科の牧草を混ぜて蒔いておけば、申し分ない完全な飼料となって、山羊や乳牛は濃厚飼料をやらなくても楽に飼える。

例えば乳牛五〇〇キロの体重で、一日二〇リットルの乳を出すには、ラジノクローバー四〇トンとエン麦四〇トンの青草のみを与えて飼育ができる。

ラジノクローバー十二トンは、濃厚飼料のフスマ四トンに相当し、価格は後者の一割にも満たないであろうことを思えば、家禽家畜は当然クローバーを主体とした飼料で飼われるべきであろう。

クローバーのもつ意義

私はミカンやカキ園に、自然農法の出発としてクローバーを蒔いた。しかしこのクローバーはただ単に土を肥やし、果樹を育てるだけがその目的ではない。

クローバーを食べて山羊や乳牛が乳を出す。その乳で人間が育つ。牛の厩肥が土に還元され、微生物によって分解されて果樹に吸収される。その果実を人間が食べる……というふうにすべてが循環して自然は成り立っていると把握する意義のほうがより重要である。

自然界では、すべてが関連し、何一つ不要なものはなく何一つ孤立したものもない。自然には必要とか不必要という言葉はない。すべては同一体の一部にしかすぎない。

ただ人間のみが自然と一体となることに服従しない。しかし、人間が自然界でただ一つの例外とうぬぼれるのは、本当に人間が自然の一部であることを知ろうとせず、知ることもできないがためである。

自然は一つである。牛も雛もクローバーもミカンも土も微生物も、すべては自然の懐に帰る。帰ることを忘れ独り歩きするのは人間のみである。人間の苦労は、人間が独り歩きすることによってはじまる。

人間の独り歩きは、人間が「知る」「知りうる」と思った時からはじまる。人間が知る、そして雑草と緑肥とに分別する。土の中をのぞいて微生物と肥料分とに分けるなどなど……から出発する。分別と分解がすべての苦労へのはじまりである。

とすれば我々がなすべきことは、「なしてはならない」ということを知ればよいのである。見たり知ったりすることが悪いのである。自然を知って、自然を信頼すれば足りる。

したがって、クローバーを雑草から分離して知り、クローバーを蒔くことを第一の出発点としたが、よくよく注意せねばならない。これは便宜上の出発点にしかすぎないから……錯誤の第一歩となる危険がある。クローバーは人間を自然の懐に導く扉の鍵だと私は言ったが、自然の懐に入ってみれば自然の入り口は一つではなかった。四方八方が破れ放題の扉である。

だが、この四方八方破れ放題、無相の相を人間は見ることができない。

クローバーから出発して自然の懐に帰り、自然の懐からクローバーを再度振り返ってみる。「クローバーとは何か」この時のクローバーは、もはやクローバーを観察することによって知ることはできない。

名無きクローバーである。ラジノとか何とかの名のクローバーではない。クローバーを見出して蒔いた時が、百姓が本当にクローバーを蒔いた時である。心にもクローバーを蒔きえた時である。名無きクローバーを畑に蒔く、野原に蒔く、街にも蒔く。クローバーはすべての人の心の中に蒔かねばならないものなのである。

自然農法による米麦作

我が国の農業は米麦栽培と果樹といってもよい。そのうち米麦作は幾千年の昔から続けられてきたが、その農法は幾多の変遷はあったにしても、根本的にはほとんど変っていないともいえる。水田に稲を作る。春、田を鋤いて水を湛え、田植えして秋収穫がすめば再び鋤いて、畦をつくり麦を蒔き、五月にこれを刈る。

年々繰り返してきたこの農法に、新しい農法が簡単に生まれるはずはない。

しかし今までの農法が、科学農法の立場に立って進んできた限り、その科学的立場を否定すれば、全く別個の農法が出発することは間違いない。

科学の立場を否定する自然農法が、水田の米麦作においても応用された場合、どんなふうになるかは今後の実証を待たねばならないことが多いが、現在において言いうること、またやってみたことについて概略を述べてみよう。

米麦を水田に作る

米の後に麦を、麦の後に稲を、毎年繰り返して連作することは、何としても不自然にみえる。我が国民がデンプン食を好むことから、デンプン農業偏重の国になり、水田では米と麦を作らねばならないと考えたのも無理のないことであり、またその技術も最も発達し、その利益もまた安定していたのは確かな事実である。

しかし土そのものから見れば、同じ禾本（イネ）科の植物のみを毎年続いて連作することは、無理な土壌の酷使であろう。

もちろん科学的にみれば、禾本科の植物は連作に耐える力が強く、特に水田には常時新しい水を流すことによって、連作が続けられると解釈している。

しかし連作をするためには、昔から百姓の周到な注意と努力があったことを忘れてはならない。また完全な連作が可能でないのは、近年地力の低下に起因する秋落ち現象が盛んに議論されるようになったことでも明らかであろう。科学的農法は土壌の酷使と、百姓の努力を土台として出発した農法と言いえる。

明らかに略奪農法であり、肥料と百姓の汗の結晶が米となり、麦となっているにすぎない。

科学農法では、百姓が米麦を連作して生長させた。自然農法は米麦が自然に生長してとれるのを待つ立場である。

当然自然農法では、米麦を毎年連作するということは原則としては賢明な方法とは思われないであろう。とすれば土を生かす、生かした土に最も適した作物を作るのが、自然農法の行き方でなければならない。しかしここでは、このことについては割愛しておく。

緑肥草生による米麦連続不耕起直播

自然農法の立場に立って、従来の稲作を振り返ってみる時、最も考えねばならないことは、健全な稲を作るという点である。不自然な稲作は不健全であり、百姓の苦労の種となる。健全な稲を作ることに、自然農法では最大の重点が置かれねばならない。

この点から見て、従来の稲作法が反省されねばならない事柄をあげて検討してみよう。

第一に考えられることは、稲は水辺植物ではあろうが、水中植物とは考えられないことである。すなわち、稲作期間中を通じて深く水中に没したような栽培法は不自然で、稲にとっては迷惑ではないかということである。

もちろん、水中栽培に適するような品種が選択され、また改良もされてきたのであろうが、水中で作ることを前提とするよりも、少なくとも水辺で作るほうがより健全な生育をなし、より容易な栽培が可能となると考えられる。

稲作が三千年の昔から、ほとんど一歩も前進していない第一の原因は、水の中で作るもの、水稲という観念に大きく支配されていたからだと思われる。

もちろん、多くの肥料分を含む水を常時かけ流して入れるということは有利な方法だといえる。

すなわち、稲は水を使用することによって反当一八〇リットル（一石）分の肥料を節約できるとする科学者の見方は成り立たないこともない。

また水田とすることによって除草の手間を省くことができるとする見方もある。

しかし反面、一夏湛水するがために、いろいろな障害も出ている。

夏水稲の根が根腐れを起こして黒変する現象、硫化水素ガスの発生、土壌中の微生物の作用でチッソ肥料が空気中に脱出する現象など、いろいろな障害を引き起こしている。

また、深水にしておけば雑草の発生が少ないのは事実であるが、雑草が生えないということは、地中の微生物の数も少ないことを意味し、事実その活躍も少ないのである。

また流水によって、肥料分が流入するということも事実ではあるが、かけ流しの場合は肥料分が入りもするが、また流亡もしている。昔から多量の肥料を施しながら、少しも地力が増加しないばかりか減少していると考えられるのは、微量成分の欠乏、秋落ち現象の発生などをみても明白な事実である。

　地力が増大しないで減退する根本の理由は、稲が水を深く湛えた所で作られることに原因しているといってさしつかえないと考えられる。

　稲は五〇％水分があれば充分生長することから考えても、従来の水稲栽培があまりに水に頼り、水を湛えすぎることがいえると思う。

水に頼らない、不耕起、無肥料、無除草、無農薬の稲作法は、当然水に頼らない半乾田化された農法となり、また前作の麦、緑肥、そして稲と相連続していて、雑草の混入する余地がないような農耕法をとることになると思われる。

いろいろな点を総合して実施した自然農法の一形態を略記してみる。

麦作は、不耕起直播された水稲が刈り取られる二週間くらい前に、緑肥の種子と麦の種子を混合したものを、立毛する稲の頭から散播する。緑肥の中に麦が混生して生長するわけである。

稲作は、麦畑の全面に春早く種籾を散播する。麦の刈り取り前に全面に緑肥を混播するなど、稲作中も緑肥が繁茂している状態を保ち続ける。

麦はクローバーのような緑肥の中に混生して生長する状態であり、稲も生長し、そのただ中には緑肥が繁茂しているわけである。

米麦共に田鋤をしないで、不耕起、無肥料、無除草、無農薬に次第に近づいてゆく農法である。

なお、引き続きもう少し詳しく述べておく。

自然農法の麦作

秋、水稲が刈り取られる一、二週間くらい前に立毛する水稲の頭から麦の種子とクローバーの種子を混合して散播する。春までの作業はそれだけである。これ以上簡単な麦作法はないであろう。

すなわち、麦の種子とクローバーを混ぜておいて、十月に水稲の頭の上から散播するだけである。

稲の刈り取り一、二週間前というのは、そのころはまだ地面が乾いていなくて、麦やクローバーの種子が地表に落ちていると、その湿気と稲が日陰になっている関係で充分発芽する。稲を刈り取る時には緑肥も発芽し、麦も三〜六センチほどになっていて、踏まれてもすぐ回復する。

なおこの方法は水稲が、麦間直播をとっている場合が最もよい。だが普通の水稲栽培をした所でも乾田であればさしつかえない。この時もし湿田であれば二、三メートル間隔ぐらいに溝あけをしておくとよい。

自然農法では、その田にできた草はすべてそのままの形で還元する（収獲した米麦の実を除く）のが原則とならねばならない。したがって、前年の稲ワラや麦ワラはすべて堆積している状態にある。

稲を刈り、脱穀し実を収穫した後の稲ワラをそのまま全面に振り播いておく。

秋から春までの間に、是非やらねばという作業はほかには何もない。

自然農法の稲作

緑肥草生による米麦連続不耕起直播というわけで、早春、麦の刈り取り三週間くらい前に、立毛する麦の頭から種籾（米の種子）とクローバーの種子を混合して麦の中に蒔き散らしておく。

麦刈り後、その全面には緑肥が生長をしている状態で、緑肥が自然に枯死し、稲が生長する夏まで進むのである。

作業としては、麦を刈り、脱穀し実を収穫した後の麦ワラをそのまま全面に被覆してやればよい。

田の雑草発生防止になり、また腐熟すれば肥料としての役目も果たす。

六月中旬になって普通栽培の水稲が湛水する頃に、周囲の畔を塗って水を引き込む。

しかし、普通栽培のように常時湛水する必要はない。自然のままに任して、数日おきに溝に水が走っていたり、なくなっていたりする状態でさしつかえない。

また、水のかけ方は水口があって水戸がないというふうな灌水法と思えばよい。一日水を引き入れたら、その水が地中に浸透してなくなるまで放置する。土中の水分がなくなって、ひび割れはじめて（水分五〇％）はじめて再び水を入れるという方法でもよい。

田んぼの中の緑肥は、土壌が過湿になる七月ころから急速に生育も衰え、枯死して分解する。ちょうど追肥として有効に作用するわけである。

田の緑肥が枯れて腐熟すると、土壌は極めて軟らかくなる。そしてこのままで秋を迎え、続いてこの田に麦を蒔くという順序になる。

この米麦作りの特徴を繰り返してみると、
（1）米麦の中に混作されている緑肥のために雑草の発生が防止され、無除草でいけることになる。
稲を刈り取った後では、すでに冬草のスズメノテッポウなどは発芽していて、無除草の麦作は不可能になる。だから緑肥の播種時期は稲の刈り取り前で、よく土地の湿り加減や天候を見計らって決定し、雑草が発生する前に緑肥の生育が先行していて、雑草を圧倒することにならねばならない。

（2）緑肥の根粒菌によって絶え間なく空中のチッソ成分が固定され、米麦作の肥料となると共に地力も次第に増大してくる。

禾木（イネ）科植物とマメ科植物が混生して、よく共存共栄の姿をとることは、クローバーとエン麦、オーチャードグラスなどの禾木科植物との混播によっても明らかである。

それにしても、化学肥料なしで米麦作をするということは無謀のように思われるであろう。農事試験場などでは、無肥料栽培は、普通肥料を使った栽培に比較して、米作では四割（圃場では七～八割）、麦作は二～三割（圃場では四割）の収量が普通の実験成績である。

自然農法では、肥料は施さないが、肥料がないわけではなくて、稲ワラや麦ワラが還元されると共に、緑肥が肥料をつくってくれるから、普通の農法での無肥料とは趣きが違う。

実際の生育状況は、多量の肥料が施されたもののように草丈は高くなく、色も黄色であるが、それだけ実入りはよくて、完全粒が多く、品質がよいなどの関係で収量は見た目より多い結果になる。

それにしても、これほど粗雑な方法で、なお普通栽培とほぼ同様の収量を上げうるのであるが、その根本的な理由については、科学的には何もわかっていないといわねばならない。

（3）不耕起では土寄せをしない。麦作で最も重労働となる田鋤き、耕起、土寄せをしないということの可否が問題となる。

田を鋤かないと土が固くしまると考えられるのは最初の時だけで、土は米麦作を通じて一年間不耕起でも何らさしつかえないばかりか、むしろ次第に膨軟になってくる。

土寄せをしなければ、麦が倒伏しやすいのではないかと予想されるが、麦の種子が地表に蒔かれたままでも、根張りがしっかりするから、その心配はない。

もちろん稲も、普通の水田の場合より根が地中深く入ってしっかりしている。
(4)自然栽培の方法をとると、作物は自ら生長の限度を知って無理な栄養分の吸収をしないから、病虫害に対する抵抗性は強い。
緑肥と混播されているから茎の元が密生して、病害は一見多発するのではないかと考えられやすいが、実際には稲作の菌核病、麦作で悩まされるウドンコ病や赤カビ病の被害は少なくなる。
(5)自然農法の特徴は、最も労力を省いたやり方であるということである。そのためにただ種子を蒔くだけの粗放農法ともいえる。
できるだけ多くの手間と資材を入れて多収穫を上げようとする農法よりも、経済的な収量を維持して、できるだけ手間と資材を少なくする農法ということができる。

米でも麦でも収益漸減の法則は明白であって、ある程度以上の収量を上げようとすれば加速度的に多大の労力、資材を入れねばならなくなり、労多くして効果が少ないばかりか危険性は増大する。

この米麦作の方法は経済的農法ともみえるが、ただ単に現状維持の消極的農法ではない。

どこまでも自然の力を活用して、地力を増進し、収量をさらに上げてゆくことのできる道が開かれている。

ここでは緑肥を麦や米と混作して、不耕起、無肥料、無除草、無農薬で作って、普通作同様の収量を上げる方法を述べたにすぎないが、それだけではない。

自然農法の根本を熟考してみれば、自然農法は、植物と動物と微生物を含む大自然と人間の最も緊密な協力関係を回復させることにある。したがって麦、緑肥、稲、家畜、土の、さらに一層強固な結合を計ることによって、一段と飛躍した収量も望めるのである。自然は人智を絶した神秘と威力に満ちた世界である。

現在の科学農法は、いわば人と稲との関係に終わる。人が見た稲を人が作る、それが科学農法の立場であった。しかし、人が見た稲と大自然の稲の間には無限の距離がある。

大自然の中の稲をもっと身近に引きつけて、稲と共に生きる百姓の道を確立しようとするのが、私の願望である。

自然農法の道

自然農法は科学的農法とは根本的に出発点が違うと言いながら、科学的な見方と方法をもって自然農法の解説を試みてきた。

これは矛盾した話で、自然農法は科学の道ではないとすれば、非科学的な論法をもって説明するのが本当である。

しかし、今の農家は、すでに科学的な技術以外は何も信頼することができない習性ができてしまっている。したがって、現在では農家に話すには科学的な論法をもって説く以外に方法がないのである。

日本人には日本語で、外国人には外国語で話すより仕方がないのと同様である。

もし私が非科学的な、例えば宗教じみた言葉で自然農法を解説したとすれば、一般の農家は何の興味も持たないであろう。

やむをえず私は科学的な農業技術の眼をもって、自然農法の可能性について述べてきた。したがって、その議論は不統一で不備、不完全を免れえなかった。

また自然農法は、生まれたばかりの幼児である。特にこれを科学的な凡百の農業技術の中の一つの農業技術として考察するものから見れば、欠点も弱点も大いにあるであろう。

しかし私はここで誤解を避け、温かい理解を得るために、付言するわけであるが、自然農法はどこまでも、科学的農法のうちの一農法ではなく、一つの精神と結びついた科学的農法とは根本的に立場を異にする農法であることを、繰り返し強調しておきたい。

両者の相違を形で現すと、科学の進む道は、右に左にさまよいながらも前進する道である。すなわち、右を向いて自然の力をまねた技術研究をしてみることもあるが、同時に左を向いて自然を殺した実験研究もする。一歩一歩仕事を積み重ねて増加しながら進み、最後に田畑は化学工場（水耕農法）となる。

これに反して自然農法の道は、左右にさまようことなく、真直に自然に近づく実践技術を得るための考察があるのみで、前進ではなく、正反対の後退、復帰の方向へ進むのである。一歩一歩仕事を減少させてゆく道である。

科学的農法は、自然から離れて、果てしなく展開してゆく道を追求してゆく農法である。機械化農法である。

自然農法は、ただ無限の神秘の自然に復帰してゆく農法である。仙人農法ともいえる。

前者の道は無目標であり、年月と共に自然から離反して遠ざかり、苦労をますます増大してゆく道である。

後者は、自然という終着駅が明確であり、一歩一歩それに近づくに従って、百姓が労苦の世話から解放されてゆく道ということができる。目標は自然との結合である。

自然農法も生まれて踏み出した第一歩は、科学農法と大差ないように見えるかもしれないが、第二歩、第三歩と歩むにつれて両者の距離は隔絶したものとなるであろう。

自然農法が育つかどうかは、人間が最終において何を人生の目標とするかによって決定する。

タイの農園を散策する著者

カンチャナブリ、子供の村学園の農園

（撮影：「じねん道」斎藤裕子、1996年）

祖父の思い出

『百姓夜話』新版に寄せて

福岡自然農園　福岡大樹

私は、福岡正信の孫にあたり、現在、屋号を「福岡自然農園」とする農園を営んでいる者です。

本書では、前半が「百姓夜話」、後半が「自然農法」の二部構成になっており、前半部の「百姓夜話」を読破することは、私にとって、とても時間のかかる作業で、たいへん苦労しました。しかし、読み進めながら生前の祖父を思いだし、それまで私には理解できなかった祖父の発言や行動がずいぶん身近なものと思えるようになっていき、読み終わった今にして思えば、本書の内容は生前の祖父の言葉どおり、終始一貫した主張が展開されていると納得することができました。

また、本書の原本は、昭和三十三年に発行され、当時の値段で一五〇円。記載されている印刷所の電話番号はたったの四桁。今では使われない旧字旧カナばかりの本でありながら、全く古さを感じさせない内容であることに驚き、にわかに真実味を感じることができたものです。

私が幼少の頃、祖父はとても優しいお爺ちゃんという印象がありました。昼間は山小屋へ連れて行って遊んでもらい、夜は祖父の布団に潜り込み、昔話などを聞かせてくれる人でした。その頃、祖父に怒られた記憶はほとんどありません。この話をすると、祖父を知る人たちはたいへん驚かれます。

このことは、「自然は神」「知を捨てよ」といった祖父の思想の根幹をなしているものであり、赤ちゃんや知識の乏しい幼少の者は、より自然に近く、神に近い存在なのであり、自然と発する行動を強制するようなことは必要ないとの考えであったと思うのです。

実際、青年期以降の私は叱責を受けることが多くなり、それに反発するようにもなりました。これだけの思想哲学を持った祖父を前に、私は、せいぜい揚げ足を取ることでしか対抗することができません。もし当時、本書を読んでいれば、揚げ足を取ることすらできなかったのではないかと思います。

そのような祖父の姿は、当時の私には理解を超えたところにあったのだろうと思います。獲得した「真理（悟り）」をいくつもの書籍にしたり、発言の機会をもったりして世に広めようとしても、なかなか受け入れられない。この「真理」を宗教とせず（実際、教祖への誘いなどあったようです）、つねに百姓としての矜持をもって、ひたすら農を実践することによって多くの時間を費やしたにもかかわらず、結局は「伝わらない」「真に理解されない」といった焦燥感や苛立ち、失望などから来た姿だったのかもしれません。

あげく、文章だけでは伝わらないと、後年、図や絵を多用し、写真を主とした書物を出版し、最後には「本ではだめだ」「歌なら伝わるのではないか」とばかり、『いろは革命歌』なる〝歌〟（カルタとして）を最晩年の寝床の上で、しかも亡くなる一週間前に完成させています。

祖父には、自ら得た真理を支えにして、果実の実る木の下で、昼寝をして暮らす仙人のような人生を選ぶこともあったはずですが、そうではなく、確固たる信念のもとに、人の生きるべき道を声を大にして伝えたかったのではないかと思われます。いくら過去の哲学や宗教をもってしても解決には至らないほんとうの生活の営みを希求して、人間にとっていちばん最適な、食糧を自分で確保できる百姓という切り口で表現することに費やしたのではないのでしょうか。祖父が自然農法を実践し続けた畑には、今現在も農作業を行わずとも、数種類の果実が実り、落ちた果実から芽が出、果樹が増え続けています。

晩年、足腰が弱くなり、杖なくしては歩くことができなくなった時も、「車で田んぼまで連れて行ってくれや」「昼飯頃に迎えに来てくれ」と言いながら、杖を捨て、それこそ四つん這いになりながら田の中に入って行く姿を覚えています。

亡くなる時の祖父は、あたかも老齢の樹木が徐々に水を吸って行くのを止め、枯れて行く姿となり、息を引き取った瞬間、枕元で受けた感情は今でも脳裏に蘇ってきます。家族を失ったにもかかわらず、不謹慎ながら、私の胸に去来したものは「感動」でありました。

現在、私共の農園へは、祖父の影を追うようにして、年間数十人もの訪問者があります。近年、外国の方が半数を占めるようになりました。みな理想を追求しようとして訪れます。一部の人たちは、自然農法に人生の拠り所を得ようとしますが、現実、ほとんどの人たちは諦め、残った人も一般の農家より厳しい生活を送っています。安全な食物でなお、再生産、継続（土地が人間の過度な行動により毒されない限り）できる農作物より、石油の消費によって生産され、生産より消費の方が大きい（石油が止まればたちまち生産できなくなる）プラスチックのような食物を多くの消費者が選択するからです。消費量より生産量が増す唯一の純粋生産、自然農法こそ農業の多数派であるべきなのに…。

農夫として二十年ほど経ち、私にとって祖父の思想は年々納得する度合いを深め、確信へと変わってきていますが、いまだ「自然は神」との思いを強くしても、祖父の思想の核となる「無」の哲学を理解（私の真理）とすることはできません。本書を新版にするにあたって、いくらかの人がその扉を開き、開かずとも存在に気がつき、求め、人間がより良い世界へと変貌することを祈っております。

最後に、祖父の思想を今また世に送り出す機会を与えて下さった春秋社のみなさま、一反百姓「じねん道」のお二人に心から感謝申し上げます。

後記
新版に際して

一反百姓「じねん道」斎藤博嗣
斎藤裕子

本書は、自然農法の創始者である福岡正信の処女作『百姓夜話「付」自然農法』（昭和三三年（一九五八年）一〇月一日発行、自費出版）を底本としています。

原文を基本として再現し、用字用語については、できるだけ現在の読者に読みやすいように配慮しました。また、今日の人権意識に照らして不適切と思われる表現がありますが、著者に差別的な意図がないことと文章が書かれた時代背景を考え合わせ、そのままといたしました。なお、著者の後年の実践に鑑みて、そぐわないと思われる箇所は訂正や削除をしました。

本の題名『「付」自然農法』の部分は、本書の最後の段落に出てくる『自然農法の道』に改め、副題としました。

著者は「……人間は自らを不完全にした。不完全な人間が完全な人間へ復帰しようとする道、その道こそが人間が相対から絶対へ飛躍する道でもある」（二〇五頁）と書いています。インド独立の父、マハトマ・ガンジーは「平和への道はない。平和こそが道なのだ」と説きました。副題を

『自然農法の道』としたのは、《自然農法への道はない。自然農法こそが道なのだ》という私たちのイマジネーションからです。

あらゆる人の暮らしに深く関連する「農」は、世界のさまざまな危機とも結びついており、〝農による革命〟はすべての問題解決につながるはずです。著者は「一人の百姓にできたのであれば、他の者にできないはずがない。もし多くの百姓が実施したとすれば、問題は百姓の間だけにはとどまらず、世の中は一変する」(二八〇頁)と主張しています。深刻化する地球規模の問題に対する「自然農法」の環境的意義のみならず、社会的、文化的そして普遍的な意義についての意識を高め、〝新しい百姓〟というリアリティを読者に呼び覚ますことが、本書を編集するテーマでした。

新版に際しては、福岡自然農園(愛媛県伊予市)代表の福岡大樹氏に快諾いただき、本書の出版が実現しました。春秋社の神田明会長、澤畑吉和社長、鈴木龍太郎氏、高梨公明氏には、貴重なご助言とご協力を頂きました。あわせて厚くお礼を申し上げます。

永続的な小さな「百姓」を実践する暮らしは、世界の新しい潮流になりつつあります。百姓一筋に生きた作者と同様に私たちも、一人でも多くの若い世代が農にたずさわり、地球をキャンバスに種を蒔く〝地球市民皆農〟の時代の到来を希求いたします。

夜、囲炉裏の端で語られる真理を鋭くついた警句、百姓の「夜話」の数々……。

混迷を増す時代を生きる現代人の杖となる書として、繰り返し何度でも読まれることを切望いたします。

著者紹介

福岡　正信（ふくおか・まさのぶ）
1913年、愛媛県伊予市大平生まれ。1933年、岐阜高等農林学校（現岐阜大学応用生物科学部）卒。1934年、横浜税関植物検査課勤務。1937年、一時帰農。自然農法を始める。1939年、高知県農業試験場勤務を経て、1947年、帰農。以来、自然農法一筋に生きる。1979年、訪米以後世界各地で粘土団子による砂漠緑化に取り組む。1988年、インドのタゴール国際大学学長のラジブ・ガンジー元首相から最高名誉学位を授与。同年、アジアのノーベル賞と称されるフィリピンのマグサイサイ賞「市民による公共奉仕」部門賞受賞。1997年、地球環境保全に貢献した人に贈られるアース・カウンシル賞の初の受賞者に選ばれた。2005年、愛・地球博（愛知県）が最後の講演となった。主著に『自然農法　わら一本の革命』『無Ⅰ　神の革命』『無Ⅱ　無の哲学』『無Ⅲ　自然農法』『福岡正信の自然に還る』『福岡正信の〈自然〉を生きる』『緑の哲学　農業革命論――自然農法 一反百姓のすすめ』（いずれも春秋社）。2008年、逝去。

＊本書は、『百姓夜話――自然農法の道』（春秋社、2017年）を改題したものである。

福岡正信の百姓夜話　**自然農法の道**

2024年12月20日　第1刷発行

著者©＝福岡正信
発行者＝小林公二
発行所＝株式会社春秋社
〒101-0021　東京都千代田区外神田2-18-6
電話　(03)3255-9611(営業)　(03)3255-9614(編集)
振替　00180-6-24861
https://www.shunjusha.co.jp/
印刷所＝信毎書籍印刷株式会社
製本所＝ナショナル製本協同組合
編集協力＝一反百姓「じねん道」斎藤博嗣・裕子
装　幀＝鎌内　文

ISBN 978-4-393-74160-3　C0310　　Printed in Japan
定価はカバー等に表示してあります